WTB

Wissenschaftliche Taschenbücher

Chemie

Dieter Onken

Akademie-Verlag · Berlin
Pergamon Press · Oxford
Vieweg + Sohn · Braunschweig

WTB Wissenschaftliche Taschenbücher

ROLF BORSDORF / MANFRED SCHOLZ
Spektroskopische Methoden in der organischen Chemie

WERNER HABERDITZL
Magnetochemie

GERHARD HEBER
Mathematische Hilfsmittel der Physik, Teil I und II

A. A. SOKOLOW
Elementarteilchen

HEINZ AHRENS
Varianzanalyse

HANS-JÜRGEN TREDER
Relativität und Kosmos
Raum und Zeit in der Physik, Astronomie und Kosmologie

ALBERT EINSTEIN
Grundzüge der Relativitätstheorie

ALBERT EINSTEIN
Über die spezielle und die allgemeine Relativitätstheorie

GÜNTHER LUDWIG
Wellenmechanik. Einführung und Originaltexte

HARRY PAUL
Lasertheorie, Teil I und II

FRANZ RUDOLF KESSLER
Einführung in die physikalischen Grundlagen der Kernenergiegewinnung

EBERHARD HOFMANN
Eiweiße und Nucleinsäuren als biologische Makromoleküle
Dynamische Biochemie, Teil I

EBERHARD TEUSCHER
Pharmakognosie, Teil I und II

D. TER HAAR
Quantentheorie. Einführung und Originaltexte

J. H. SANDERS
Die Lichtgeschwindigkeit. Einführung und Originaltexte

JEAN KUNTZMANN
Unendliche Reihen
Mathematische Hilfsmittel der Physik und Chemie
Mit 94 Übungen und 29 Aufgaben

JEAN KUNTZMANN
Systeme von Differentialgleichungen
Mathematische Hilfsmittel der Physik und Chemie
Mit 88 Übungen und 40 Aufgaben

JEAN KUNTZMANN
Komplexe Veränderliche
Mathematische Hilfsmittel der Physik und Chemie
Mit 90 Übungen und 37 Aufgaben

FERDINAND CAP
Einführung in die Plasmaphysik
I. Theoretische Grundlagen
— insgesamt 3 Bände —

J. A. ROSANOW
Wahrscheinlichkeitstheorie

HARRY PFEIFER
Theorie linearer Bauelemente
Elektronik für den Physiker I

HARRY PFEIFER
Die Elektronenröhre
Elektronik für den Physiker II

HARRY PFEIFER
Schaltungen mit Elektronenröhren
Elektronik für den Physiker III

SIEGFRIED HAUPTMANN
Über den Ablauf organisch-chemischer Reaktionen

GERHARD HÜBNER / KLAUS JUNG / ECKART WINKLER
Die Rolle des Wassers in biologischen Systemen

STEPHEN G. BRUSH
Kinetische Theorie, Teil I und II

HARRY PFEIFER
Leitungen und Antennen
Elektronik für den Physiker IV

HARRY PFEIFER
Mikrowellenelektronik
Elektronik für den Physiker V

HARRY PFEIFER
Halbleiterphysik
Elektronik für den Physiker VI

EBERHARD HOFMANN
Enzyme und energieliefernde Stoffwechselreaktionen
Dynamische Biochemie, Teil II

PETER KRUMBIEGEL
Isotopieeffekte

D. M. BRINK
Kernkräfte. Einführung und Originaltexte

HERBERT GOERING
Elementare Methoden
zur Lösung von Differentialgleichungsproblemen

DIETER ONKEN
Stereoide
Zur Chemie und Anwendung

WTB

BAND 92

Dieter Onken

Steroide

Zur Chemie und Anwendung

Mit 63 Abbildungen und 27 Tabellen

AKADEMIE-VERLAG · BERLIN

PERGAMON PRESS · OXFORD

VIEWEG + SOHN · BRAUNSCHWEIG

Reihe CHEMIE
Herausgegeben im Auftrage der Sektion Chemie
bei der Deutschen Akademie der Wissenschaften

von:
Prof. Dr.-H. Klare, Teltow-Seehof
Prof. Dr.-Ing. Dr. h. c. E. Leibnitz, Berlin
Prof. Dr.-Ing. habil. Dr. rer. nat. h. c. K. Schwabe, Dresden
Prof. Dr. Dr. h. c. E. Thilo, Berlin

Verantwortlicher Herausgeber dieses Bandes:
Prof. Dr.-Ing. Dr. h. c. E. Leibnitz

Verfasser:
Dr. Dieter Onken

ISBN 3 528 06092 1

1971

Lizenznummer: 202 · 100/509/71
Herstellung: VEB Druckhaus „Maxim Gorki“, 74 Altenburg
Bestellnummer: Akademie-Verlag 7092 · EDV 761 423 7
Pergamon Press 08 017580 5
Vieweg + Sohn 6092
Printed in German Democratic Republic

Inhalt

Vorwort

Mit der Stoffklasse der Steroide beschäftigen sich in verstärktem Maße seit etwa 40 Jahren viele Wissenschaftler der verschiedensten Fachgebiete. Die synthetisch arbeitenden Chemiker isolierten zunächst die Steroidverbindungen aus natürlich vorkommenden tierischen und pflanzlichen Materialien und klärten die Strukturen auf. Später erhielt man durch Veränderungen an der Peripherie des Moleküls interessante neue Wirkstoffe.

Aber nicht nur die rein präparative Chemie sondern auch die Stereochemie konnten durch die Arbeiten der Steroidchemiker bereichert werden. In Zusammenarbeit mit den Physikern wurde für die Strukturaufklärung eine Vielzahl moderner Methoden wie z. B. die der Rotationsdispersion, der *UV*-, *UR*- und *NMR*-Spektren herangezogen. Die Biologen leisteten durch die Entwicklung geeigneter fermentativer Prozesse dem Synthetiker Hilfestellung, indem sie schwer zugängliche Molekül-Positionen mit Hilfe biologischer Methoden erschlossen. Dem Pharmakologen und Endokrinologen boten und bieten die Steroidwirkstoffe vielfältige Möglichkeiten zur Erforschung kybernetischer Regelsysteme im Organismus. Die Steroidhormone sind aus dem Arzneimittelsortiment nicht mehr wegzudenken. In der Substitutionstherapie, zur Geburtenregelung als entzündungshemmende Wirkstoffe und auf vielen anderen Indikationsgebieten haben sich die Steroide einen festen Platz gesichert. In jüngster Zeit finden sie in der Humanmedizin bei der Geroprophylaxe Anwendung. Auf veterinärmedizinischem Gebiet werden sie u. a. zur Brunstinduktion und Zyklussynchronisation bei Nutztieren eingesetzt.

In den vergangenen Jahren erschienen über die Steroide zahlreiche Monographien, zusammenfassende Darstellungen und ausführliche Beschreibungen sowohl die Chemie und Biologie als auch die Endokrinologie, Pharmakologie und klinische Anwendung betreffend.

Das vorliegende Taschenbuch stellt einen Versuch dar, die Komplexizität dieser interessanten Verbindungen und ihrer Anwendungsgebiete darzustellen. Es wendet sich an den Chemiker, Biochemiker, Biologen, Pharmazeuten, den Pharmakologen und Endokrinologen sowie den praktizierenden Arzt — kurz an alle, die sich in irgendeiner Weise mit den Steroiden beschäftigen oder beschäftigen wollen.

Frau Diplomchemiker D. Heublein, Herrn W. Luthardt und meiner Frau bin ich für die bei den Korrekturarbeiten aufgewandte Mühe und für zahlreiche Ratschläge zu Dank verpflichtet. Dem Verlag danke ich für das verständnisvolle Eingehen auf meine Wünsche und die sorgfältige Drucklegung.

Jena, Juni 1970 *D. Onken*

Einleitung

Als Heinrich WIELAND am 17. Februar 1934 vor der Deutschen Chemischen Gesellschaft über die Konstitution der Gallensäuren vortrug, sagte er unter anderem:

„Wenn wir uns zum Schluß fragen, ob sich der Aufwand von so viel Mühe für die Lösung eines recht verwickelten Struktur-Problems überhaupt lohnt, so ist dazu grundsätzlich zu sagen, daß alles, was die Natur in der lebenden Zelle schafft, des stärksten Interesses des Chemikers würdig ist: Man mag nie voraussehen, von welchen Erkenntnissen aus sich der Einblick in das Wesen der belebten Natur einmal weiten wird.“

Von den ersten Anfängen der Strukturaufklärung des Grundgerüstes der Steroide bis in die heutige Zeit sind im Vergleich zur Entwicklung der gesamten Organischen Chemie nur wenige Jahre vergangen.

Steroidhormone, die anfangs nur in der Substitutionstherapie Anwendung fanden, wurden chemisch so abgewandelt, daß die hormonellen Eigenschaften zugunsten anderer für die Therapie weitaus bedeutungsvollerer Wirkrichtungen zurückgedrängt werden konnten. Es gelang u. a. die Entwicklung der antiphlogistisch wirksamen synthetischen Kortikoide (Prednison, Prednisolon), einer Vielzahl anaboler Steroide und speziell bei den Sexualhormonen die Synthese hochwirksamer oral applizierbarer Östrogene und Progestagene, die als Kontrazeptiva eine kaum noch zu überbietende Verbreitung gefunden haben.

Der Isolierung von Steroidwirkstoffen aus tierischem Material folgte die Partialsynthese, die ausgehend von pflanzlichen und tierischen Rohstoffen, bei denen das Steroidgrundgerüst vorhanden ist, zunächst die bekannten natürlichen Hormone nachentwickelte und später neue Wirkstoffe schuf. In jüngster Zeit hat auch die Totalsynthese, mit deren Hilfe das Steroidgrundgerüst zunächst chemisch aufgebaut werden muß, solche Fortschritte erzielt, daß eine ökonomisch sinnvolle Anwendung im industriellen Maßstab möglich geworden ist. Durch die Arbeiten der Pharmakologen und Endokrinologen, die sich in besonderem Maße der Aufklärung sich andeutender Struktur-Wirkungsbeziehungen widmen, erhalten die Chemiker ständig neue Impulse für die Synthese interessanter Wirkstoffe.

In der nachfolgenden Zusammenstellung werden in erster Linie solche Steroidverbindungen und deren Synthesen besprochen, die in irgendeiner Form als Arzneimittel praktischen Wert besitzen. Andere Steroide werden zum Teil im Text nur erwähnt. Es sei an dieser Stelle auf die einschlägige Fachliteratur verwiesen [1—6].

1. Definition

Zur Stoffklasse der Steroide zählt man solche Verbindungen, die als Grundgerüst das Zyklopentanoperhydrophenanthrensystem aufzuweisen haben. Am durchhydrierten Phenanthren ist in 1,2-Stellung ein Fünfring ankondensiert (Abb. 1). Durch chemische Veränderungen an diesem Grundgerüst wurden Ringerweiterungen und

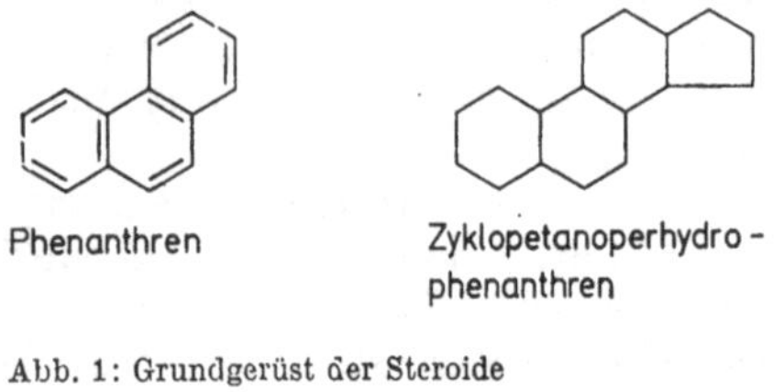

Abb. 1: Grundgerüst der Steroide

Ringverengungen vorgenommen sowie Ringaufspaltungen unter Erhalt sog. Secoverbindungen erzielt. Alle diese Verbindungstypen rechnet man ebenfalls zu den Steroiden. Für das Grundskelett wurde von BUTENANDT die Bezeichnung Steran eingeführt. Seit 1951 wird auch der Begriff Gonan häufig angewandt.

Die Konstitutionsaufklärung geht auf Arbeiten von WINDAUS und WIELAND zurück. O. ROSENHEIM (London) hatte bereits früher das Zyklopentanoperhydrophenanthren als Grundkörper der Steroidverbindungen vermutet. Großen Anteil an der Konstitutionsaufklärung hatte ferner DIELS, der das in den Geweben des Tierkörpers relativ häufig vorkommende Cholesterin mit Selen in 3'-Methyl-1,2-zyklopentanophenanthren (DIELS-Kohlenwasserstoff) überführte (Abb. 2).

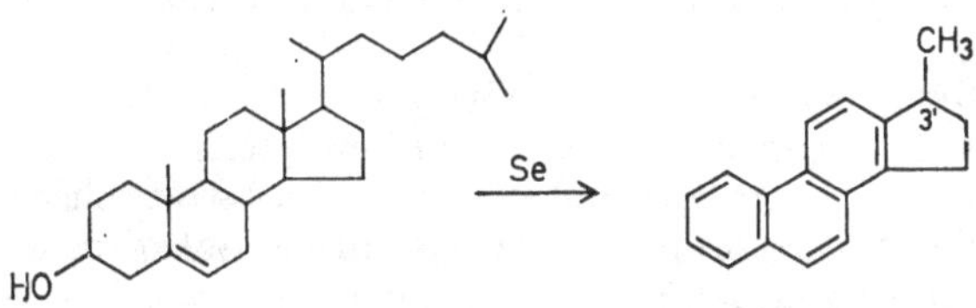

Abb. 2: Cholesterinabbau mit Selen nach DIELS

Wichtige Naturstoffe, die zu den Steroiden gezählt werden, sind:

Sterine
Gallensäuren
Sexualhormone
Nebennierenrindenhormone
Herzgiftglykoside
Kardenolide
Bufadienolide

Weiterhin sind spezielle Saponine und Sapogenine sowie einige Alkaloide von Bedeutung.

2. Nomenklatur

Die für die Steroidverbindungen gültige Nomenklatur wurde von der International Union of Pure and Applied Chemistry (IUPAC) 1960 festgelegt [7, 15].

Der Abb. 3 ist die Bezifferung der Kohlenstoffatome des Grundgerüstes sowie die Kennzeichnung der vier

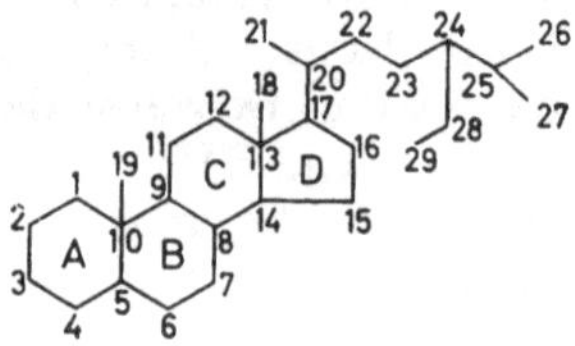

Abb. 3: Kennzeichnung der Ringe und der C-Atome

Ringe zu entnehmen. Die am C-Atom 13 befindliche Methylgruppe ist hinsichtlich ihrer sterischen Zuordnung oberhalb der Papierebene bzw. des tetrazyklischen Systems einzuordnen. Alle diejenigen Substituenten, die auf der gleichen Seite des Grundgerüstes wie diese Methylgruppe liegen, besitzen die β-Konfiguration (ausgezogene Valenz), alle anderen Substituenten die α-Konfiguration (gestrichelte Valenz). Ist die konfigurative Zuordnung unbekannt, wird dies durch eine Wellenlinie gekennzeichnet. Den Grundkohlenwasserstoff ohne Methylgruppen an den C-Atomen 10 und 13 bezeichnet man als Gonan, den Kohlenwasserstoff mit einer Methylgruppe am C-13 Östran. Weitere Beispiele siehe Abb. 4. Die Bezeichnung für teilweise ungesättigte Steroide enthält als Bestandteil des systematischen Namens die Silben „en“ bzw. „in“ (siehe ebenfalls Abb. 4). Das Fehlen einer Methylengruppe bei einer Alkylgruppe wird durch den Präfix „nor“ in Verbindung mit dem fehlenden C-Atom angezeigt. Beispielsweise fehlt bei den 19-nor-Steroiden das Kohlenstoffatom 19. Ringverengungen und -erweite-

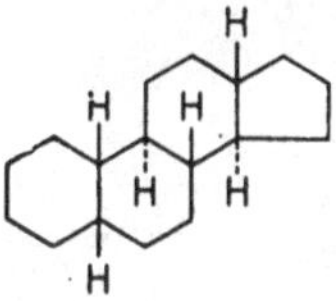

5β-Gonan

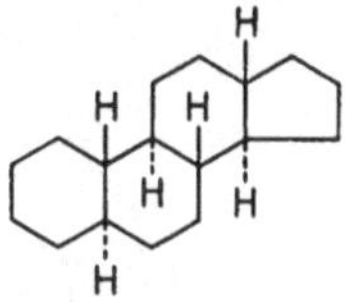

5α-Gonan

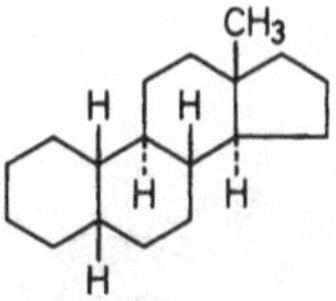

5β-Östran

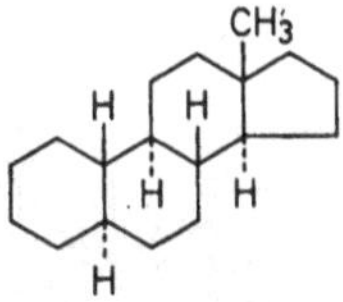

5α-Östran

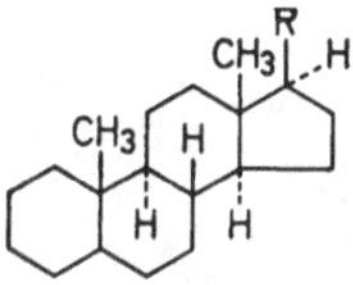

R	Serie
H	Androstan
C_2H_5	Pregnan
$CH(CH_3)(CH_2)_2CH_3$	Cholan
$CH(CH_3)(CH_2)_3CH(CH_3)_2$	Cholestan

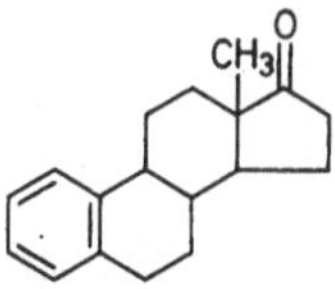

Östra-1,3,5(10)-trien-17-on

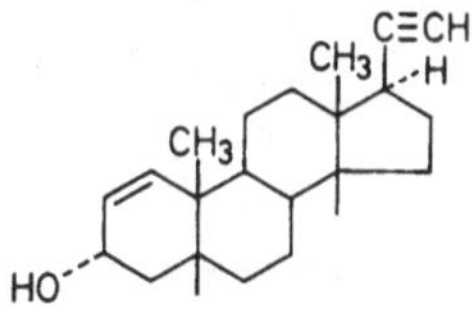

5β,14β-Pregna-1-en-20-in-3α-ol

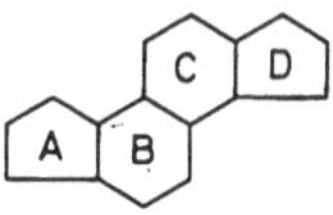

A-nor-

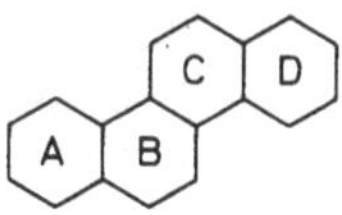

D-homo-

Abb. 4: Beispiele zur Steroidnomenklatur

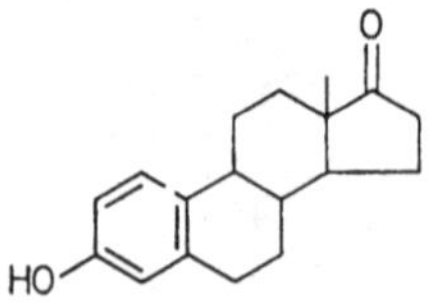

Östron

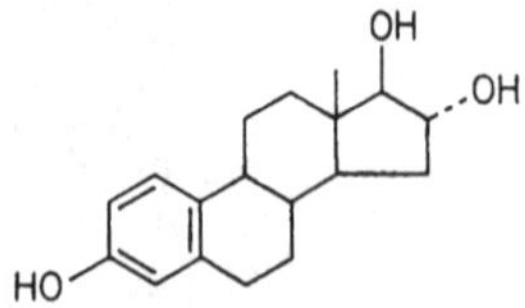

Östriol

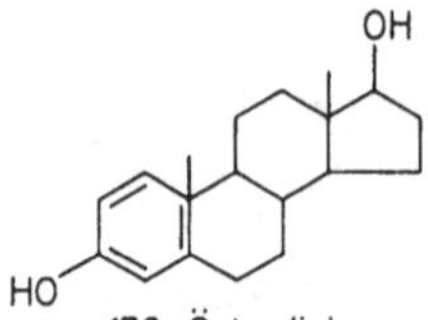

17β-Östradiol

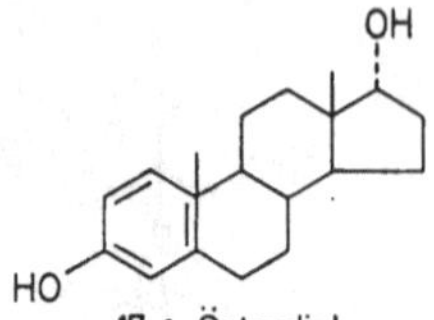

17α-Östradiol

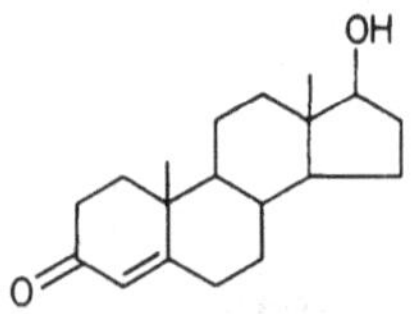

Testosteron

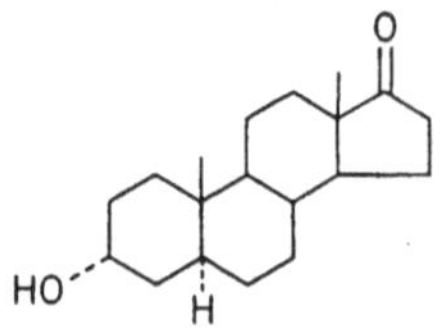

Androsteron

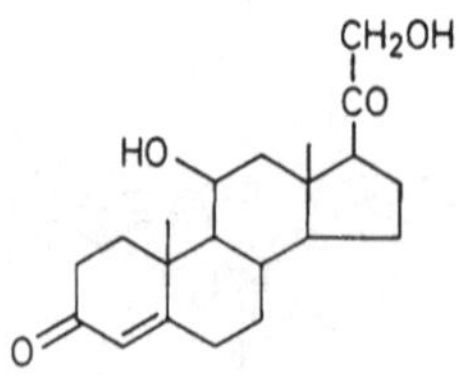

Kortikosteron

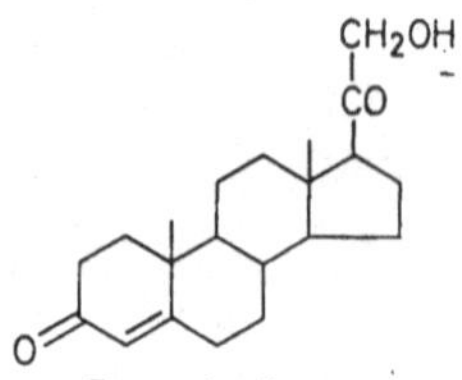

Desoxykortikosteron

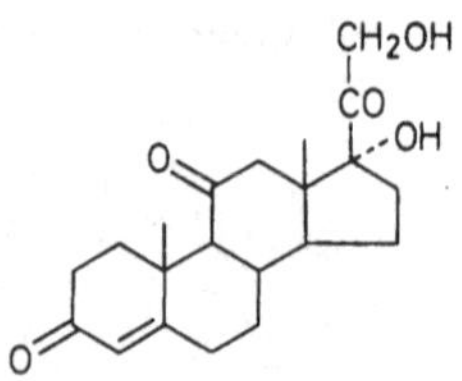

Kortison

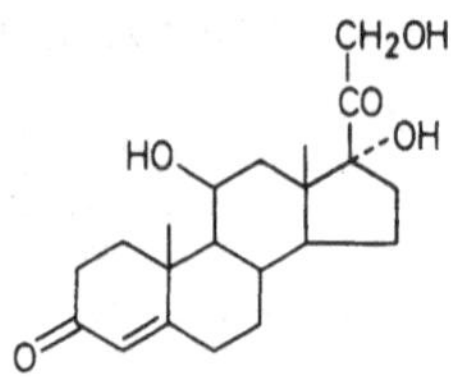

Kortisol

Abb. 5: Steroidverbindungen mit Trivialnamen

rungen werden durch die Präfixe „nor" und „homo" und eine Ringspaltung durch den Präfix „seco" kenntlich gemacht. Abb. 5 zeigt eine Zusammenstellung solcher Verbindungen, die man durch Trivialnamen charakterisiert.

3. Vorkommen und Einteilung

Im Rahmen dieses Taschenbuches ist es nicht möglich, auch nur annähernd alle in der Natur bisher aufgefundenen und strukturell aufgeklärten Steroidverbindungen aufzuzählen und zu beschreiben. Es sei daher zur Ergänzung auf entsprechende Fachbücher bzw. zusammenfassende Publikationen verwiesen [1, 2, 4, 5, 8]. Nachstehend werden nur die wichtigsten natürlich vorkommenden Steroidverbindungen zusammengestellt. Besondere Berücksichtigung finden dabei solche Steroide, die als Ausgangsmaterial für Partialsynthesen interessant sind. Die Einteilung der Steroide in verschiedenen Untergruppen kann man der Abb. 6 entnehmen.

3.1. Sterine

Das Grundgerüst der Sterine ist Cholestan. Die C-Atome 3, 5, 7, 22 und 24 sind entsprechend Tabelle 1 substituiert. Entgegen älterer Auffassungen ist es in jüngster Zeit gelungen, Steroidverbindungen auch in den primitiv organisierten Zellen der Bakterien nachzuweisen, zu isolieren und deren Konstitution aufzuklären. Durch sinnvolle Kombination physikalischer Trenn- und Meßmethoden gelang es K. Schubert, in dem Bakterium Escherichia coli sechs Sterine nachzuweisen, deren drei Hauptsterine Cholesterin, Kampesterin und β-Sitosterin sind [9].

- Steroide
  - Sterine
    - Zoosterine
      - Cholesterin
      - Koprosterin
    - Phytosterine
      - Stigmasterin
      - ß-Sitosterin
    - Mycosterine
      - Ergosterin
      - Kampesterin
  - Gallensäuren
    - Cholsäure
    - Desoxycholsäure
    - Lithocholsäure
    - Hyodesoxycholsäure
    - Chenodesoxycholsäure
  - Hormone
    - Sexualhormone
      - Männl. Sexualhormone
        - Androsteron
        - Testosteron
      - Weibl. Sexualhormone
        - Follikelhormone
          - Östron
          - Östradiol
          - Östriol
          - Equilenin
          - Equilin
        - Gelbkörperhormone
          - Progesteron
          - Pregnenolon
    - Nebennierenrindenhormone
      - Mineralkortikoide
        - Aldosteron
        - Kortexon
      - Glukokortikoide
        - Kortison
        - Kortisol
  - Herzgifte
    - Kardenolide
      - Digitoxigenin
      - Digoxigenin
      - Gitoxigenin
      - Strophantidin
    - Bufadienolide
      - Scillarenin
      - Bufotalin
  - Sapogenine
    - Diosgenin
    - Hecogenin
    - Gitogenin
    - Digitogenin
    - Tigogenin
  - Alkaloide
    - Tomatidin
    - Solasodin

Abb. 6: Einteilung der Steroide

Tabelle 1: *Sterine*

Grundgerüst

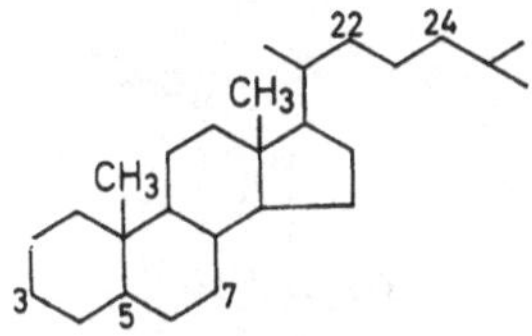

Cholestan

Sterin	Substituenten an den C-Atomen					Vorkommen
	3	5	7	22	24	
Cholesterin	$-OH$	Δ*)	–	–	–	Bestandteil der Gewebe des tier. Organismus
Koprosterin	$-OH$	$-H$	–	–	–	Bildung im Darm aus Cholesterin
Stigmasterin	$-OH$	Δ	–	Δ	$-C_2H_5$	Calabarbohne, ölige Fraktion des Zuckerrohrwachses, Sojaöl
β-Sitosterin	$-OH$	Δ	–	–	$-C_2H_5$	Baumwollsamenöl, Weizenkeimöl, Zuckerrohrwachs
Ergosterin	$-OH$	Δ	Δ	Δ	$-CH_3$	Hefe
Kampesterin	$-OH$	Δ	–	–	$-CH_3$	Sojaöl, Weizenkeimöl

*) Doppelbindung

3.2. Gallensäuren

Die Gallensäuren leiten sich von der Cholansäure ab, die an den der Tabelle 2 zu entnehmenden C-Atomen Hydroxylgruppen mit α-Konfiguration besitzt. In der Galle sind die Gallensäuren mit Glyzin bzw. Taurin über eine Peptidbindung verknüpft und liegen dort als Natriumsalze der Glykochol- bzw. Taurocholsäure vor. Ein einfaches Verfahren zur Isolierung von Cholsäure, Desoxycholsäure und Cholesterin aus Rindergalle findet man in dem bekannten Praktikumsbuch von GATTERMANN [11].

Tabelle 2: *Gallensäuren*

Grundgerüst

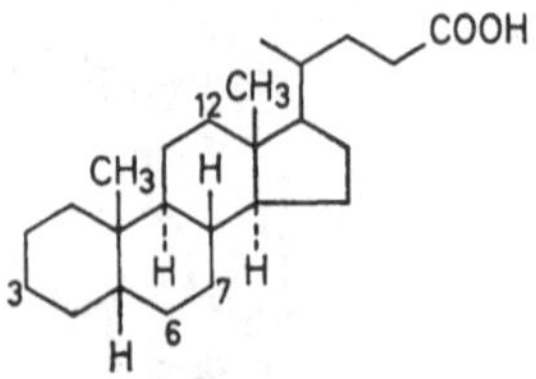

Cholansäure

Gallensäure	α-ständige OH-Gruppen an den C-Atomen 3	6	7	12	Vorkommen
Cholsäure	+	–	+	+	Rind, Mensch
Desoxycholsäure	+	–	–	+	Rind, Mensch
Lithocholsäure	+	–	–	–	Rind, Mensch
Hyodesoxycholsäure	+	+	–	–	Schwein
Chenodesoxycholsäure	+	–	+	–	Gans, Mensch

3.3. Sexualhormone

3.3.1. Männliche Sexualhormone

Die männlichen Sexualhormone werden in den LEYDIG-Zellen des Hodens, in geringerem Maße im Ovar und in den Nebennieren beider Geschlechter gebildet. Die Strukturen der männlichen Sexualhormone findet man in Abb. 7.

3.3.2. Weibliche Sexualhormone

Follikelhormone

Die Hauptbildungsstätte der Follikelhormone sind die GRAAFschen Follikel des Ovars und während der Schwangerschaft auch die Plazenta. Die Follikelhormone Equilenin und Equilin werden vorzugsweise aus dem

Harn trächtiger Stuten isoliert. Ihre Struktur leitet sich vom Östran ab (siehe dazu Tabelle 3), dessen Ring A in allen Fällen aromatisch ist.

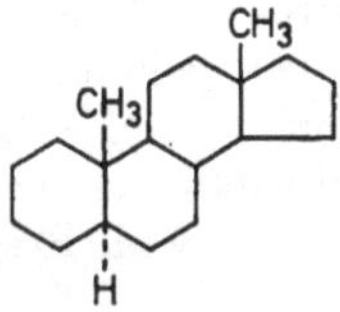

Grundgerüst: Androstan

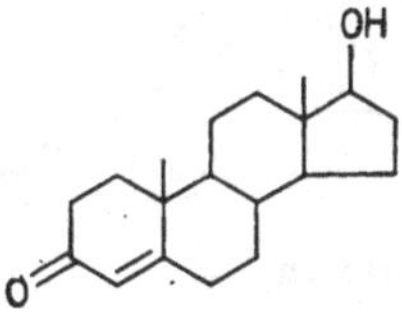

Testosteron

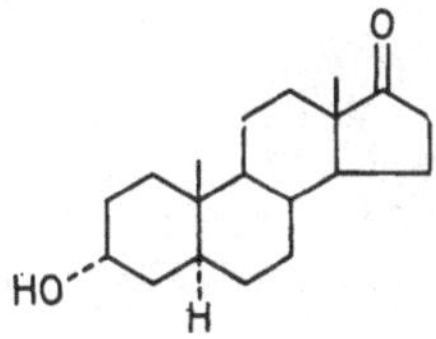

Androsteron

Abb. 7: Männliche Sexualhormone

Tabelle 3: *Follikelhormone*

Grundgerüst

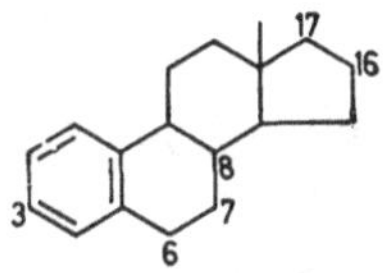

1,3,5(10)-Östratrien

Follikel-hormon	Substituenten an den C-Atomen 3	6	7	8	16	17
Östron	–OH	–	–	–	–	=O
Östradiol	–OH	–	–	–	–	–OH
Östriol	–OH	–	–	–	---OH	–OH
Equilin	–OH	–	Δ	–	–	=O
Equilenin	–OH	Δ	–	Δ	–	=O

Gelbkörperhormone

Die Gelbkörperhormone Progesteron und Pregnenolon sind das natürliche körpereigene Inkret des Corpus luteum. Außerhalb der Schwangerschaft wird es im sprungreifen Follikel gebildet und daraus abgegeben. In kleinen Mengen sind die Gelbkörperhormone auch in der Nebennierenrinde nachweisbar. Progesteron und Pregnenolon leiten sich vom Pregnan ab (Abb. 8).

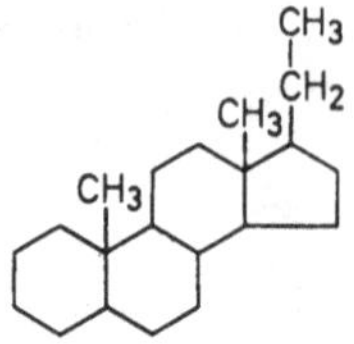

Grundgerüst: Pregnan

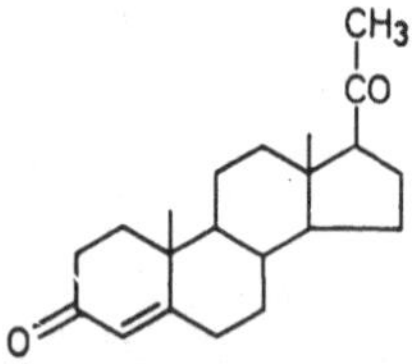

Progesteron

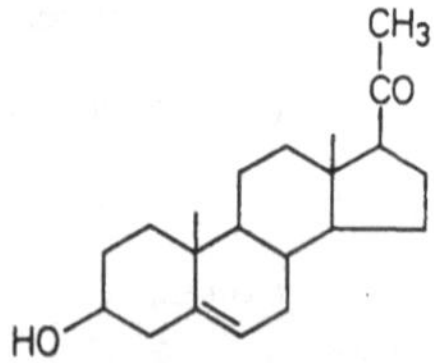

Pregnenolon

Abb. 8: Gelbkörperhormone

3.4. *Nebennierenrindenhormone* (*Kortikoide*)

Die Nebennierenrindenhormone, deren Bildungsstätte bereits aus der Bezeichnung hervorgeht, leiten sich wie die Gelbkörperhormone ebenfalls vom Pregnan ab. Ihre Struktur ist der Tabelle 4 zu entnehmen. Eine abweichende Struktur besitzt das Aldosteron, dessen Aldehydgruppe am C-Atom 18 bemerkenswert ist (Abb. 9). Ein interessantes Vorkommen des Kortexons beschreiben SCHILD-

Tabelle 4: *Nebennierenrindenhormone*

Grundgerüst

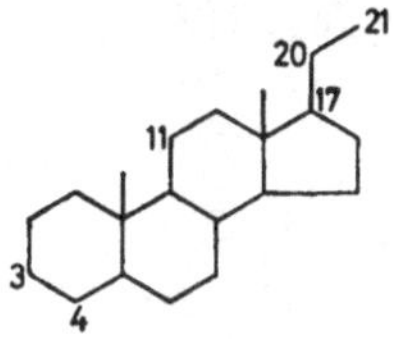

Pregnan

NNR-Hormon	Substituenten an den C-Atomen					
	3	4	11	17	20	21
Kortisol	=O	Δ	–OH	···OH	=O	–OH
Kortikosteron	=O	Δ	–OH	–	=O	–OH
Kortexon	=O	Δ	–	–	=O	–OH
Kortison	=O	Δ	=O	···OH	=O	–OH
Kortexolon	=O	Δ	–	···OH.	=O	–OH

KNECHT u. Mitarbeiter. Sie wiesen es neben anderen Steroiden in dem Prothorakal-Wehrdrüsensekret des Gelbrandkäfers nach. Bestimmte Kortikoide wirken auf Fische und Amphibien betäubend.

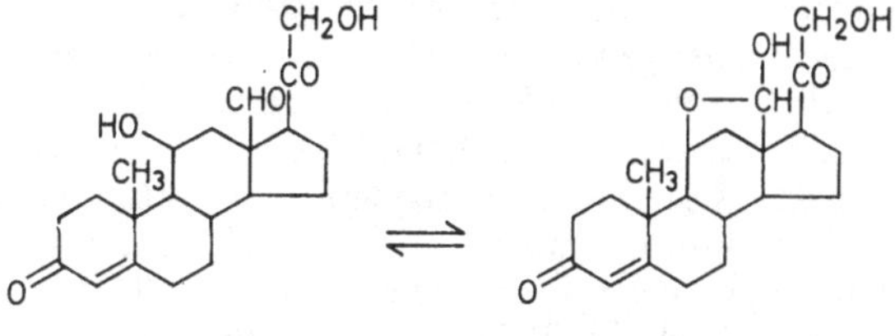

Abb. 9: Aldosteron

3.5. *Herzgifte* (*Kardenolide und Bufadienolide*)

Der Grundkörper der Kardenolide besteht aus 23 C-Atomen und enthält am C-Atom 17 einen α,β-ungesättigten Lakton-Fünfring, während die Bufadienolide aus 24 Kohlenstoffatomen zusammengesetzt sind und am C-Atom 17 einen doppelt ungesättigten Lakton-Sechsring besitzen (Abb. 10).

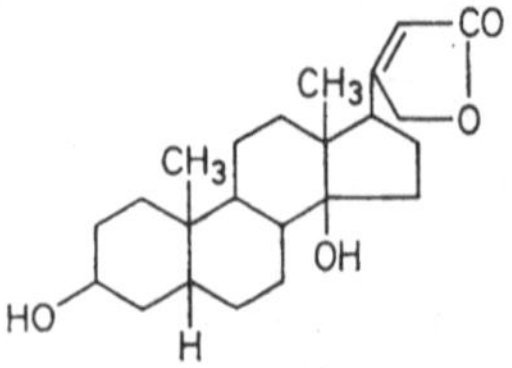

Digitoxigenin
(Kardenolid-Typ)
A

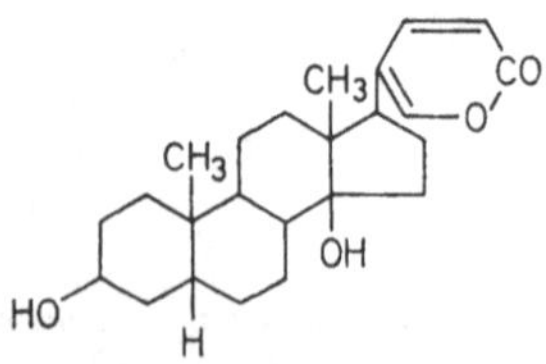

Bufalin
(Bufadienolid-Typ)
B

Abb. 10: Herzgifte

Während die zuvor besprochenen Verbindungstypen bei den Ringen C und D eine trans-Verknüpfung aufzuweisen hatten, finden wir bei den Herzgiften an dieser Stelle eine cis-Verknüpfung. Herzwirksame Glykoside kommen in verschiedenen Pflanzenteilen (Samen, Wurzeln, Blättern) einiger geographisch weit verbreiteter Pflanzen vor: u. a. in *Apocynaceae*, *Scrophulariaceae*, *Liliaceae*, *Moraceae* und *Raununculaceae* sowie in den Hautdrüsen verschiedener Krötenarten. Die Herzwirksamkeit ist auf das jeweilige Aglykon zurückzuführen, während die Zuckerkomponente für die Löslichkeit und Verteilung verantwortlich ist. Nach der Hydrolyse pflanzlicher Herzgifte wurden bisher 19 verschiedene Zucker isoliert. In Tabelle 5 sind die wichtigsten herzwirksamen Aglykone zusammengestellt.

3.6. Sapogenine

Saponine sind pflanzliche Glykoside, die hauptsächlich in Digitalisarten sowie Dioscoreaceen vorkommen. Die Aglykone der Saponine, die Sapogenine, haben im Ring-

Tabelle 5: *Herzwirksame Aglykone*

Aglykon	Typ	Substituenten an den C-Atomen 3	4	5	10	12	14
Digitoxigenin	A	$-OH$	–	–	$-CH_3$	–	$-OH$
Digoxigenin	A	$-OH$	–	–	$-CH_3$	$-OH$	$-OH$
Gitoxigenin	A	$-OH$	–	–	$-CH_3$	–	$-OH$
Strophantidin	A	$-OH$	–	$-OH$	$-CHO$	–	$-OH$
Scillarenin	B	$-OH$	Δ	–	$-CH_3$	–	$-OH$
Bufotalin	B	$-OH$	–	–	$-CH_3$	–	$-OH$

system die aus der Reihe der Sterine und Hormone bekannte C/D-trans-Verknüpfung. Weiterhin ist die an den C-Atomen 16 und 17 befindliche Spiroketalbildung bemerkenswert. Die Steroid-Sapogenine sind nicht herzaktiv. Ihr Name leitet sich von einer seifenähnlichen Schaumbildung ab, die beim Benetzen mit Wasser beobachtet wird (sapo = Seife). Die wichtigsten Sapogenine kann man Tabelle 6 entnehmen.

Tabelle 6: *Sapogenine*

Grundgerüst

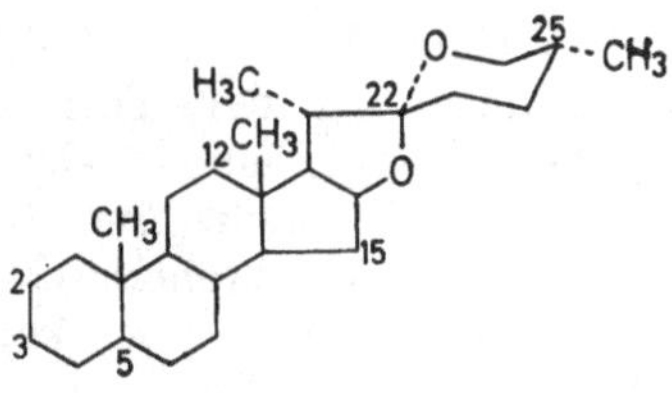

Sapogenin	Substituenten an den C-Atomen 2	3	5	12	15
Digitogenin	---OH	$-OH$	---H	–	$-OH$
Gitogenin	---OH	$-OH$	---H	–	–
Tigogenin	–	$-OH$	---H	–	–
Hecogenin	–	$-OH$	---H	=O	–
Diosgenin	–	$-OH$	Δ	–	–

3.7. *Steroid-Alkaloide*

Einige Alkaloide der *Solanum*- und *Veratrum*arten enthalten ebenfalls das Steroidgrundgerüst. Die wichtigsten Verbindungen dieser Art sind Solasodin und Tomatidin (Abb. 11).

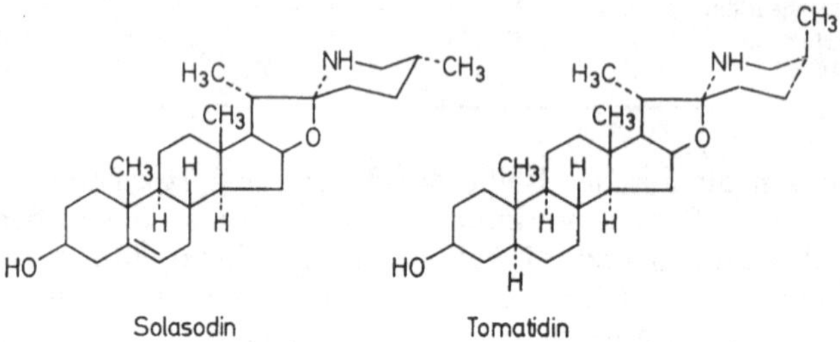

Abb. 11: Steroid-Alkaloide

4. Synthese

Mit der Erschließung neuer Indikationsgebiete für Steroidverbindungen in der Therapie wurde in den zurückliegenden Jahren eine Vielzahl von Synthesen entwickelt. Es gelang nicht nur die Herstellung der natürlichen Hormone auf ökonomisch vertretbare Weise, sondern auch die Synthese einer kaum noch zu überblickenden Zahl von Steroiden, die nicht in natürlichen Materialien vorkommen und zum Teil die Wirkung der Hormone um ein Vielfaches übertreffen. Die Fülle der Möglichkeiten, mit Hilfe chemischer Methoden die Peripherie der Steroidmoleküle abzuwandeln und teilweise sogar tiefgreifende Strukturveränderungen zu erzielen, führte zu zahlreichen neuen Synthesemethoden, die für die Steroidchemie charakteristisch sind.

Nachfolgend sollen zunächst methodische Grundsätze dargelegt werden, auf denen dann aufbauend die Synthese spezieller Steroidverbindungen erläutert wird. Es werden insbesondere solche Steroidhormone näher beschrieben, die Eingang in die Therapie gefunden haben und für den Praktiker bedeutungsvoll sind. Berücksichtigung finden dabei Synthesen, die technisches und ökonomisches Interesse besitzen und in der pharmazeutischen Industrie Anwendung finden.

4.1. Partialsynthese

Unter dem Begriff Partialsynthese werden Synthesemethoden zusammengefaßt, die auf einem bereits vorhandenen Vierring-Grundgerüst aufbauen und bei denen lediglich chemische Veränderungen an der Peripherie des Zyklopentanoperhydrophenanthrens vorgenommen werden.

4.1.1. Allgemeine Synthesemethoden

Chemische Methoden

Oxydationen

Oxydationsreaktionen werden in der Steroidchemie zur Konstitutionsaufklärung und für spezielle präparative Arbeiten herangezogen. Die vielfältigen nachfolgend aufgeführten Methoden gestatten nicht nur die vollständige Oxydation der gesamten im jeweiligen Steroidmolekül vorliegenden oxydierbaren Gruppierungen sondern auch die weitaus wichtigeren selektiven Oxydationen einzelner Hydroxylgruppen. Selektive Oxydationen sind am Steroidmolekül deshalb möglich, weil in Übereinstimmung mit einer von Barton aufgestellten Regel ein signifikanter Unterschied zwischen der relativen Oxydationsgeschwindigkeit axialer und äquatorialer OH-Gruppen besteht.

Oxydationen mit Chrom-VI-Verbindungen

Die Oxydation mit Chrom-VI-Verbindungen — insbesondere mit Chrom-VI-oxid in essigsaurer Lösung — ist wohl eine der in der Steroidchemie gebräuchlichsten Methoden, die dann angewendet wird, wenn eine vollständige Oxydation der vorhandenen oxydierbaren Gruppen erreicht werden soll. Es sind in der Literatur aber auch sehr viele selektive Reaktionen beschrieben, denen wir uns im Folgenden speziell widmen wollen. Als Lösungsmittel dient in vielen Fällen neben Essigsäure Pyridin und Azeton. Die Oxydationen, die in Azeton durchgeführt werden, zeichnen sich durch eine hohe Reaktionsgeschwindigkeit aus und sind nach wenigen Sekunden beendet.

Selektive Oxydation mit Chrom-VI-Verbindungen in Essigsäure

Der zu oxydierende Steroidalkohol wird bei der selektiven Oxydation mit Chrom-VI-Verbindungen in wäßriger Essigsäure gelöst und bei 0 bis +5 °C mit wäßriger CrO_3-Lösung versetzt. In Tabelle 7 sind einige Beispiele für selektive Oxydationen dieser Art angegeben. Aus-

Tabelle 7: *Selektive Oxydation mit Chrom-VI-Verbindungen in Essigsäure*

Im Steroidmolekül vorhandene oxydierbare OH-Gruppen	Oxydierte OH-Gruppe
3α, 6α	6α
3β, 6β	6β
3α, 7β	7β
7α, 12α	7α
3α, 12α	12α
3β, 16α	3β
6β, 15α	15α

führliche Beschreibungen und Zusammenstellungen für dieses Verfahren und später angegebene Methoden findet man bei DJERASSI [6].

Selektive Oxydation mit Chrom-VI-Verbindungen in Pyridin

Die Oxydationen in Pyridin werden insbesondere dann angewandt, wenn im Steroidmolekül säureempfindliche Gruppierungen (z. B. Ketalgruppen) vorhanden sind. Mit Hilfe des sich bildenden Chrom-VI-oxid/Pyridin-Komplexes erhält man bei Raumtemperatur die gewünschten Aldehyde bzw. Ketone in guten Ausbeuten (siehe Tabelle 8).

Tabelle 8: *Selektive Oxydation mit Chrom-VI-Verbindungen in Pyridin*

Im Steroidmolekül vorhandene oxydierbare OH-Gruppen	Oxydierte OH-Gruppe
3β, 16α	3β
3α, 16α	3α
3β, 17α	3β
3β, $20\alpha_F$	$20\alpha_F$*)
11β, 15α	11β
7α, 17β	17β

*) siehe *L. F. Fieser, M. Fieser*, Tetrahedron 8, 360 (1960)

Selektive Oxydation mit Chrom-VI-Verbindungen in Azeton

Bei dieser Oxydationsmethode wird die zu oxydierende Steroidverbindung in Azeton gelöst und gewöhnlich mit 8n Chromsäure versetzt. Bereits nach 10 Sekunden kann das Reaktionsgemisch mit Wasser versetzt und aufgearbeitet werden. Selektive Oxydationen sind auch bei Anwendung dieser Methodik im Prinzip möglich; man erhält jedoch in erheblichen Mengen als Nebenprodukt vollständig oxydierte Substanzen.

OPPENAUER-Oxydation

Neben der Oxydation mit Chrom-VI-Verbindungen ist die OPPENAUER-Oxydation die am meisten angewandte Methode. Im allgemeinen werden hierbei äquatoriale Hydroxylgruppen schneller als axiale oxydiert. Für die Oxydation wird von den verschiedensten Aluminium-Alkoxiden Aluminiumisopropylat am häufigsten eingesetzt. Für die Synthese ist es wichtig zu wissen, daß unter den Bedingungen der OPPENAUER-Oxydation β,γ-ungesättigte Ketone in α,β-ungesättigte Ketone umgewandelt werden können. Diese Tatsache ist besonders bei der Partialsynthese von 4-En-3-ketosteroiden aus natürlichen Rohstoffen zu beachten. In der für OPPENAUER-Oxydationen üblichen Reaktionsweise wird das Hydroxysteroid in Toluol gelöst, mit Zyklohexanon versetzt, das Lösungsmittelgemisch bis zur vollständigen azeotropen Entfernung des Wassers destilliert, anschließend mit Aluminiumisopropylat versetzt, am Rückfluß 45 Min. erhitzt, die Lösungsmittel mit Wasserdampf zum größten Teil entfernt und aufgearbeitet.

In Tabelle 9 findet man eine Zusammenstellung spezieller OPPENAUER-Oxydationen.

Oxydationen mit Mangan-IV-oxid

Die Oxydation von Steroidalkoholen mit Mangan-IV-oxid ist schon lange bekannt. GRITTER und WALLACE [12] beschäftigten sich insbesondere mit der Herstellung des Oxydationsmittels nach verschiedenen Methoden und beschrieben dessen Aktivität in Abhängigkeit von den Reaktionsbedingungen. Als Lösungsmittel finden Chloroform, Benzol, Methylenchlorid, Tetrahydrofuran und Isopropanol Anwendung. Gewöhnlich wird bei Raumtemperatur gearbeitet; die Reaktionszeit beträgt in der Regel 6 Stunden. In Tabelle 10 sind ausgewählte Beispiele für entsprechende selektive Reaktionen zusammengestellt.

Tabelle 9: *Spezielle* OPPENAUER-*Oxydationen von Steroidalkoholen*

Al-Alkoxid	Oxydations-mittel	Oxydierbare OH-gruppen und im Molekül vorhandene Doppelbindungen	Reaktions-produkt
Al-isopropylat	Zyklohexanon	3α, 11β	3-Keto
		3α, 12α	3-Keto
		3β, 6β	3-Keto
		3β, 11α	3-Keto
		3β, 11β	3-Keto
		3β, 16β	3-Keto
		3β, 12α, Δ^5	3-Keto-Δ^4
		3β, 15α, Δ^5	3-Keto-Δ^4
		3β, 16α, Δ^5	3-Keto-Δ^4
		1α, 3β, Δ^5	3-Keto-$\Delta^{1,4}$
		3β, 7α, $\Delta^{8(14)}$	3-Keto-$\Delta^{7,14}$
		3β, 6β	3-Keto
		11β, 17α	17-Keto
Al-tert. butoxid	Zyklohexanon	3α, 12α	3-Keto
		3α, 11β	3-Keto
	Azeton	3α, 7α, 12α	3-Keto
		3β, 16α, 17β, Δ^5	3,16-Diketo-Δ^4
		3β, 7α, Δ^5	3-Keto-$\Delta^{4,6}$
	Anthrachinon	3ξ, 20α_F, Δ^4	3-Keto-Δ^4
Al-phenoxid	Zyklohexanon	3α, 11β	3-Keto
		3α, 7α, 12α	3-Keto
		3α, 12β	3-Keto
		3α, 11β	3-Keto
		3β, 11β	3-Keto
Al-isobutoxid	Azeton	3β, 17β, Δ^5	3-Keto-Δ^4

Weitere Oxydationsmittel

Für die Oxydation von Steroidverbindungen sind noch eine Anzahl weiterer Oxydationsmittel bekannt, die sich speziell für selektive Reaktionen eignen. Gewöhnlich führt man die Oxydationen in geeigneten Lösungsmitteln bei Raumtemperatur aus. Als Lösungsmittel werden vielfach Essigsäure, tert. Alkohole und Dioxan angewandt. Folgende Oxydationsmittel sind gebräuchlich: N-Bromsuccinimid, N-Bromazetamid, tert. Butyl-

Tabelle 10: *Selektive Oxydation mit Mangan-IV-oxid*

Oxydierbare OH-Gruppen und im Molekül vorhandene Doppelbindungen	Reaktionsprodukt
$1\alpha, 3\xi, 17\beta$	3-Keto-Δ^4
$3\xi, 11\beta, 17\beta, \Delta^4$	3-Keto-Δ^4
$3\beta, 17\beta, \Delta^4$	3-Keto-Δ^4
$3\beta, 6\beta, \Delta^4$	3-Keto-Δ^1
$3\beta, 17\beta, \Delta^5$	3-Keto-$\Delta^{4,6}$
$3\xi, 20\alpha_F, \Delta^4$	3-Keto-Δ^4
$3\beta, 17\beta, \Delta^1$	3-Keto-Δ^1
$3\xi, 11\beta, \Delta^4$	3-Keto-Δ^4

hypochlorit, tert. Butylchromat, Bleitetraazetat, Chlor, Brom, 2,3-Dichlor-5,6-dizyanobenzochinon und Wismut-III-oxid.

Weniger bedeutungsvoll ist die Anwendung von Platin in Gegenwart von Sauerstoff. Hierbei wird zunächst $PtO_2 \cdot H_2O$ in Wasser mit Wasserstoff reduziert, anschließend die in Azeton gelöste Substanz hinzugegeben und 20 Stunden über reinem Sauerstoff geschüttelt.

Reduktionen und Hydrierungen

Nachfolgend werden sowohl die Reduktionen von Karbonylgruppen mit speziellen Reduktionsmitteln als auch Hydrierungen von Doppelbindungen mit Wasserstoff in Gegenwart von Katalysatoren und reduktive Enthalogenierungen besprochen. Diese Reaktionen sind nicht für die Partial- sondern auch für die Totalsynthese von Steroiden außerordentlich bedeutungsvoll.

Insbesondere wird innerhalb mehrstufiger Synthesen bei den jeweiligen Verfahrensschritten eine hohe Stereospezifität erwartet. Hinzu kommt, daß — ebenso wie bei den Oxydationsreaktionen — bei Einhaltung spezieller Bedingungen in gewissem Umfange ein selektiver

Angriff des Reduktionsmittels bei Vorhandensein mehrerer gleichartiger Gruppierungen am Steroidgerüst möglich ist.

Reduktionen mit Natriumborhydrid

Die Reduktion von Karbonylgruppen mit $NaBH_4$ führt im allgemeinen zu Hydroxylgruppen mit äquatorialer Konfiguration. Sind die Karbonylgruppen aber sterisch gehindert, dann entstehen axiale OH-Gruppierungen. $NaBH_4$ wird in Gegenwart von Methanol, Äthanol, Isopropanol, Pyridin, Dimethylformamid, Tetrahydrofuran sowie in Mischungen dieser Lösungsmittel angewendet. Die Reaktion wird im allgemeinen bei Temperaturen um 0°C ausgeführt; die Reaktionszeit beträgt ca. eine Stunde. Tabelle 11 enthält einige Beispiele für selektive Reaktionen.

Tabelle 11: *Selektive Reduktionen mit Natriumborhydrid*

Vorhandene Karbonylgruppen an den C-Atomen	Reduzierte Karbonylgruppe am C-Atom
3, 11, 20	20
3, 11, 17	17
3, 16	16
3, 20	3
3, 11, 20	3
3, 17	3
3, 12	3

Weitere Reduktionsmittel

Die zuvor beschriebene Reduktion von Karbonylgruppen mit $NaBH_4$ ist die in der Steroidchemie am meisten angewandte Methode. Darüberhinaus finden zahlreiche weitere in der Organischen Chemie bewährte Reduktionsmittel Anwendung: z. B. $LiAlH_4$, KBH_4, $LiBH_4$, LiAl(tert. BuO)$_3$, NaB(MeO)$_3$H, B_2H_6, Al(iPrO)$_3$,

Hydrazin, Natrium-Amalgam und Natrium/Äthanol. Der Einsatz von Zink und Essigsäure eignet sich sowohl für die Reduktion von Karbonyl- zu Hydroxylgruppen als auch für die Hydrierung von Doppelbindungen. In vielen Fällen ist es erforderlich, eine C=O-Gruppe bis zur Stufe der CH_2-Gruppe zu reduzieren. Dazu wird gewöhnlich das Keton in ein Thioketal überführt, das man dann beispielsweise mit Raney-Nickel entschwefeln kann. Auch die üblichen Reduktionsmethoden nach Clemmensen, Wolff-Kishner und Huang-Minlon sind in der Steroidchemie vielfach verwendet worden. Von besonderem Interesse ist ein von Birch beschriebenes Verfahren, das unter dem Begriff „Birch-Reduktion" Eingang in die Literatur gefunden hat. Diese stereospezifische Methode zur Reduktion von Doppelbindungen mit Alkalimetallen (Li, Na, K) und Äthanol in flüssigem Ammoniak wird insbesondere für die Reduktion des aromatischen A-Rings angewendet. Modifiziert man diese Methode nach Wilds und Nelson [14] erhält man dabei 19-nor-Steroide (Abb. 12).

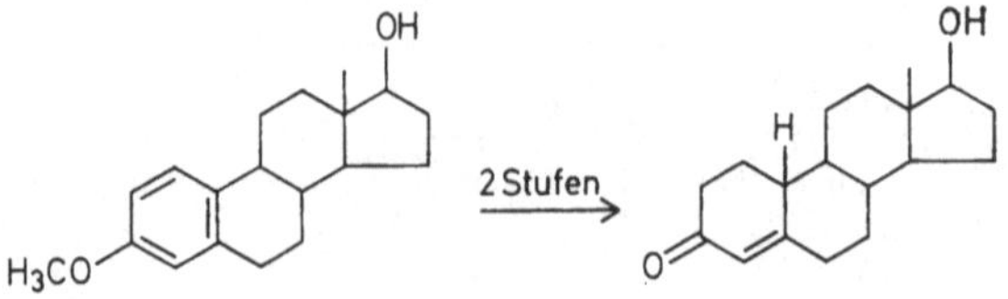

Abb. 12: Reduktion des aromat. A-Ringes

Katalytische Hydrierungen

Innerhalb mehrstufiger Partial- und Totalsynthesen ist oft die stereospezifische, beim Vorhandensein mehrerer Doppelbindungen auch selektive Hydrierung erforderlich. Vorwiegend wird drucklos bei Raumtemperatur in organischen Lösungsmitteln (Methanol, Äthanol, Tetrahydrofuran) gearbeitet. Als Katalysatoren werden

Nickel, Palladium, Platin und Ruthenium eingesetzt, die zur besseren Verteilung an Aktiv-Kohle, Kalziumkarbonat, Strontiumkarbonat oder Kieselgel als Trägermaterialien adsorbiert werden.

Reduktive Enthalogenierungen

Auch Enthalogenierungsreaktionen mit schon beschriebenen Reduktionsmitteln spielen in der Steroidchemie eine gewisse Rolle. In Tabelle 12 sind einige wichtige Reaktionen zusammengestellt. In jedem angeführten Beispiel wird das Halogen reduktiv gegen Wasserstoff ausgetauscht.

Tabelle 12: *Beispiele für reduktive Enthalogenierungen*

Eingesetzter Verbindungstyp	Reduktionsmittel
7β-Brom	Al-Amalgam
2α-Chlor	Zink/Essigsäure
2α-Brom	$CrCl_2$
16β-Brom	H_2/Pd; H_2/Ni
3β-Chlor	$LiAlH_4$
3β-Chlor	Na/Pentanol
21-Jod	$NaHSO_3$

Halogenierungen

Bei der Synthese physiologisch aktiver Steroidverbindungen hat es sich gezeigt, daß die Einführung von Halogenatomen — insbesondere von Fluor und Chlor — in das Steroidgerüst zu bemerkenswerten Dissoziierungen in der Wirkung spezieller Steroide führte. So gelang es beispielsweise durch Einführung eines Chloratoms am C-Atom 4 des Testosterons den Quotienten von anaboler zu androgener Wirkung so zu verschieben, daß ein anabol wirksames Steroid mit unbedeutender androgener

Wirkung entstand (4-Chlor-testosteronazetat), das Eingang in die Therapie gefunden hat (Abb. 13).

Bei den Glukokortikoiden ergab die Einführung von Fluor am C-Atom 9 interessante Wirkungsveränderungen.

Die Halogenierungsreaktionen sind auch für spezielle synthetische Schritte innerhalb mehrstufiger Verfahren von Bedeutung.

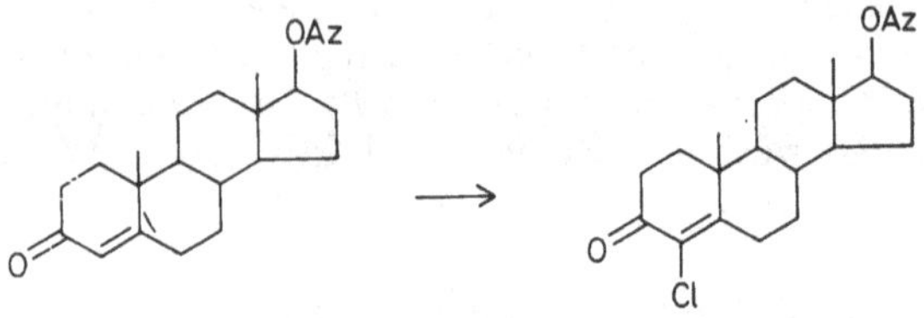

Abb. 13: 4-Chlor-testosteronazetat aus Testosteronazetat

Fluorierungen

Zur Fluorierung werden Steroidepoxide, -olefine, -alkohole oder 3,5-Zyklosteroide mit Flußsäure umgesetzt. Auch die Reaktion von Bortrifluorid mit Epoxiden führt zu fluorierten Steroiden. $FClO_3$ reagiert mit Enoläthern, Enolazetaten, Enaminen, Enamiden und aromatischen Steroidverbindungen. Durch Umsetzung von Bleitetrafluorid mit Steroidolefinen werden ebenfalls Fluorverbindungen erhalten, Läßt man wasserfreie Flußsäure in Gegenwart von N-Chlorsuccinimid, N-Jodsuccinimid oder N-Bromazetamid auf Doppelbindungen einwirken, so kommt man zu 1-Fluor-2-halogen(Cl, Br, J)-steroiden. Weiterhin ist der Austausch von anderen Halogenen, Tosyl- und Mesylgruppen durch Fluor unter Anwendung von Silber- oder Kaliumfluorid möglich. Karbonylgruppen werden durch Schwefeltetrafluorid in Difluorgruppierungen überführt. In Tabelle 13 findet man zu jedem Reaktionstyp ein entsprechendes Beispiel.

Tabelle 13: *Beispiele spezieller Fluorierungen*

Reagierende Gruppierung	Fluorierungsmittel	Reaktionsprodukt
9β, 11β-Epoxid	HF	9α-F, 11β-OH
Δ^5	HF	5α-F
3βOH, Δ^5	HF	3βF, Δ^5
3,5-Zyklo	HF	3β-F
5α, 6α-Epoxid	BF_3	5α-OH, 6β-F
$\Delta^{3,5}$-3-Äthoxy	$FClO_3$	Δ^4-3-Keto-6β-F
$\Delta^{3,5}$-3-Azetoxy	$FClO_3$	Δ^4-3-Keto-6α-F
$\Delta^{1,3,5(10)}$-3-OH	$FClO_3$	$\Delta^{1,4}$-3-Keto-10β-F
Δ^5	HF/$Pbac_4$	5α-F, 6α-F
$\Delta^{9(11)}$	HF/NCS	9α-Cl, 11β-F
Δ^5	HF/NJS	5α-F, 6β-J
$\Delta^{9(11)}$	HF/NBA	9α-Br, 11β-F
16β-Br	AgF	16β-F
6α-Tosyl.	KF	6α-F
16α-Mesyl.	KF	16ξ-F
17-Keto	SF_4	17α, 17β-F

Chlorierungen

Chlorierungen werden entweder durch Addition von elementarem Chlor, HCl bzw. Jodbenzoldichlorid an Doppelbindungen oder durch Behandlung von Hydroxylgruppen mit $AlCl_3$, PCl_5, $POCl_3$, $SOCl_2$ bzw. $TiCl_4$ durchgeführt. In Tabelle 14 sind einige wichtige Chlorierungsreaktionen zusammengefaßt.

Tabelle 14: *Wichtige Chlorierungsreaktionen*

Reagierende Gruppierung	Chlorierungsmittel	Reaktionsprodukt
Δ^4	Cl_2	Δ^4-4-Chlor
Δ^5	HCl	5α-Chlor
Δ^5	Jodbenzoldichlorid	5α,6α-Dichlor
Δ^5, 3β-OH	$AlCl_3$	Δ^5, 3β-Chlor
3α-OH	PCl_5	3α-Chlor
7β-OH	$POCl_3$	7α-Chlor
3α-OH	$SOCl_2$	3α-Chlor
Δ^5, 3β-OH	$TiCl_4$	Δ^5, 3β-Chlor

Bromierungen

In der Steroidchemie spielen Bromierungen insbesondere bei der Herstellung von Zwischenprodukten eine gewisse Rolle. Außer Brom in verschiedenen Lösungsmitteln werden zur Bromierung HBr, N-Bromsuccinimid (NBS), $AlBr_3$, BrF, HOBr, N-Bromazetamid (NBA), PBr_3, PBr_5, $TiBr_4$ und $SOBr_2$ eingesetzt. Der Tabelle 15 können entsprechende Beispiele entnommen werden.

Tabelle 15: *Wichtige Bromierungsreaktionen*

Reagierende Gruppierung	Bromierungsmittel	Reaktionsprodukt
Δ^5	Br_2	5α, 6β-Dibrom
3-Keto	Br_2/Essigsäure	2α-Br-3-keto
Δ^4-3-Keto	Br_2/Kollidin/Essigsr.	Δ^4-3-Keto-4-Br
Δ^5	Br_2/Licht/CS_2	Δ^5-7β-Br
4β, 5β-Epoxid	HBr	4β-OH, 5α-Br
Δ^4	NBS	Δ^4-6β-Br
Δ^5, 3β-OH	$AlCl_3$	Δ^5, 3β-Br
$\Delta^{9(11)}$	BrF	9α-Br, 11β-F
$\Delta^{3,5}$-3-OAc	HOBr	Δ^4-3-Keto-6-Br
$\Delta^{9(11)}$	NBA	9α-Br, 11β-OH
Δ^5-7β-OH	PBr_3	Δ^5-7α-Br
6α-OH	PBr_5	6α-Br
Δ^5-3β-OH	$TiBr_4$	Δ^5-3β-Br
6α-OH	$SOBr_2$	6α-Br

Jodierungen

Jodierungen werden in der Steroidchemie relativ wenig angewendet. Als Reagenzien sind J_2, AlJ_3, N-Jodsuccinimid (NJS) und NaJ in der Literatur beschrieben worden.

Methylierungen

Auch die Einführung von Methylgruppen in das Steroidgrundgerüst führt in einigen Fällen zu signifikanten Wirkungsverschiebungen spezieller Steroidverbindungen, die besonders in der Reihe der Glukokortikoide beobachtet wurden. Aus diesem Grunde sollen nachstehend einige charakteristische Methylierungsreaktionen angegeben werden. Die aus der präparativen organischen Chemie bekannten Methylierungsreagenzien wie CH_3J, CH_2N_2 und CH_3MgJ werden auch in der Steroidchemie zur Methylierung eingesetzt. Durch Umsetzung von $5\alpha,6\alpha$-Epoxiden mit CH_3MgJ erhält man 6α- und 6β-Methylsteroide. 16α-Methylverbindungen erhält man beispielsweise aus 16-Pregnenderivaten mit GRIGNARD-Reagenz. Die entsprechenden 16β-Methylsteroide sind durch Reaktion der Doppelbindung zwischen den C-Atomen 16 und 17 mit Diazomethan zugänglich. Am häufigsten wird zur Methylierung CH_3J eingesetzt, mit dessen Hilfe beispielsweise 1α-, 2α-, 4α-, 13β-14α-Methyl- und 4,4-Dimethylsteroide synthetisiert wurden.

Äthinierungen

Die Äthinierungsreaktion wurde als wichtige präparative Grundoperation in die Arbeitsmethodik des Steroidchemikers einbezogen. Sie ist bedeutungsvoll, weil es mit ihrer Hilfe gelingt, die pharmakologischen Eigenschaften spezieller Verbindungen gezielt zu verändern. Die Äthinierung z.B. von Östron führt zu dem oral hochwirksamen Östrogen Äthinylöstradiol. Darüberhinaus bietet die am C-Atom 17 befindliche α-ständige Äthinylgruppe eine Ausgangsbasis zum Aufbau der Azetyl- bzw. Dihydroxyazetonseitenkette.

Die Äthinierung von Steroidketonen erfolgt im allgemeinen in flüssigem Ammoniak mit Hilfe von Alkaliazetyliden. Das für die Reaktion erforderliche Kaliumazetylid kann auch aus einem Kalium-tert.alkoholat in einem inerten Lösungsmittel durch Einleiten von Äthin hergestellt werden. Andere Autoren verwenden als Katalysator Kaliumhydroxid, wählen aber ein polares Lösungsmittel, z. B. Dimethylformamid. Äthinierte Steroide finden als Arzneimittel insbesondere als Gestagene und Östrogene Anwendung.

Einführung von Schutzfunktionen

Bei der Durchführung mehrstufiger Synthesen ist der intermediäre Schutz insbesondere von Karbonyl- und Hydroxylgruppen erforderlich. Eine ausführliche Zusammenstellung der möglichen Methoden einschließlich der Angabe von Reaktionsbedingungen findet man bei Djerassi [6].

Schutzfunktionen für Karbonylgruppen

In der Steroidchemie ist die wichtigste Reaktion zum Schutz von Karbonylgruppen die Ketalisierung. Ketale sind unter den Reaktionsbedingungen der Oppenauer-Oxydation, der Oxydation mit CrO_3-Pyridin-Komplex, der katalytischen Hydrierung sowie der Veresterung und alkalischen Verseifung stabil. Die Ketale werden durch Umsetzung der entsprechenden Ketosteroide mit Äthylenglykol in Gegenwart von p-Toluolsulfonsäure bei azeotroper Destillation des gebildeten Wassers hergestellt. Die Reaktionszeit liegt im allgemeinen zwischen 6 und 48 Stunden.

Neben den Ketalen spielen die Thioketale und Hemithioketale eine große Rolle. Diese Verbindungen sind jedoch gegenüber dem CrO_3-Pyridin-Komplex nicht beständig. Sie werden analog den Ketalen gebildet, an Stelle von Äthylenglykol wird das entsprechende Thioglykol eingesetzt.

Eine weitere wichtige Methode zum Schutz der Karbonylgruppen stellt die Enolazetylierung dar, die in Gegenwart von p-Toluolsulfonsäure möglich ist. Der Vorteil der Enolisierung besteht in der leichten Rückspaltbarkeit der Enolisierungsprodukte.

Bildung von Enoläthern, Thioenoläthern und Enaminen sowie die Einführung von Bismethylendioxygruppen ergänzen die möglichen Schutzvarianten.

Schutzfunktionen für Hydroxylgruppen

Außer den gebräuchlichen Azetylierungen bietet die Bildung von Azetoniden, zyklischen Karbonaten (durch Umsetzung der Alkohole mit Phosgen), Tetrahydropyranyläthern und Orthoestern einen wirkungsvollen Schutz der OH-Gruppen vor dem Angriff spezieller Oxydations- und Halogenierungsmittel.

Einführung von Doppelbindungen

Die Einführung von Doppelbindungen in das Steroidgrundgerüst führt bei speziellen Substanzen zu günstigen Wirkungsdissoziationen. So ist beim Prednison (1-En-Kortison) die glukokortikoide Wirkung zugunsten der antiphlogistischen stark zurückgedrängt worden. 4,6-Diensteroide der Pregnanreihe sind als oral wirksame Progestagene (z. B. Chlormadinon) für den Einsatz als Kontrazeptiva bedeutungsvoll.

Dehydrierungen erfolgen entweder durch direkte Einwirkung eines geeigneten Reagens oder auf dem Umweg über leicht abspaltbare Gruppierungen.

Dehydrierung mit Selendioxid

Die Dehydrierung mit Selendioxid oder seleniger Säure ist eine in der Steroidchemie häufig angewandte Methode. Insbesondere werden mit ihrer Hilfe in 4-En-3-ketosteroide 1 Doppelbindungen eingeführt. Als Lösungsmittel finden tert. Butanol, tert. Amylol und Butylazetat Verwendung. Die Reaktion erfolgt in der Siedehitze. Die Reaktionszeit beträgt in der Regel 20—48 Std.

Dehydrierung mit Chloranil und 2,3-Dichlor-5,6-dizyano-1,4-benzochinon (DDQ)

Die Chloranil-Dehydrierung wird zur Synthese von 4,6-Dien-3-ketosteroiden aus 4-En-3-ketosteroiden angewendet. Sie ist aber auch für die Herstellung von

1,4,6-Trien-3-ketosteroiden geeignet. Die Oxydation erfolgt in der Siedehitze in Lösungsmitteln, die gegen Oxydationsmittel stabil sind. Neben Chloranil wird DDQ insbesondere für die Einführung der Doppelbindung in 1- und 1,4-Stellung häufig angewendet.

Dehydratisierung von Alkoholen

Zur gezielten Einführung von Doppelbindungen in das Steroidgerüst bietet sich die Dehydratisierung von Steroidalkoholen an. Tabelle 16 zeigt eine Auswahl von Möglichkeiten.

Tabelle 16: *Einführung von Doppelbindungen durch Dehydratisierung von Alkoholen*

OH-Gruppe am C-Atom	Entstehende Doppelbindg.
3α	Δ^{2}
3β	Δ^{2}
5β	Δ^{4}
5α	Δ^{5}
6β	Δ^{5} od. Δ^{6}
7α	Δ^{7}
9α	Δ^{8}
11α	$\Delta^{9(11)}$
11β	$\Delta^{9(11)}$
14α	Δ^{14}
14β	Δ^{14}
15β	Δ^{14}
17α	Δ^{16}

Die Abspaltung der OH-Gruppen erfolgt in saurer Lösung in Methanol oder Äthanol durch mehrstündiges Erhitzen.

Weitere Methoden

Ebenso wichtig wie die Abspaltung der Alkoholgruppen ist die Eliminierung von Tosyloxygruppen. Es gelten die in der Tabelle 16 angegebenen Gesetzmäßigkeiten.

Die für die Abspaltung erforderliche Reaktionszeit ist jedoch gegenüber den Alkoholen wesentlich verkürzt, so daß der Umweg über die Tosylierung gerechtfertigt ist. Weniger gebräuchlich ist für die Abspaltungsreaktion der Einsatz von Benzoaten.

Methoden des Seitenkettenaufbaus

Der Aufbau der Seitenkette am Kohlenstoffatom 17 wird in der präparativen Steroidchemie dann in Betracht gezogen, wenn aus C_{19}-Steroiden (Androstanreihe) oder aus C_{18}-Steroiden (Östranreihe) C_{21}-Steroide (Pregnanreihe) bzw. C_{20}-Steroide (nor-Pregnanreihe) hergestellt werden sollen. Eine Ausgangsbasis für den Aufbau der Seitenkette bilden die bereits beschriebenen 17α-Äthinyl-Steroide. Durch Addition von HOBr an die 17β-Azetoxy-17α-äthinyl-gruppierung und anschließende Reduktion mit Zn/Essigsäure erhält man die entsprechende 17β-Azetoxy-17α-azetyl-verbindung, die sich leicht zur natürlichen Konfiguration isomerisieren läßt (Abb. 14).

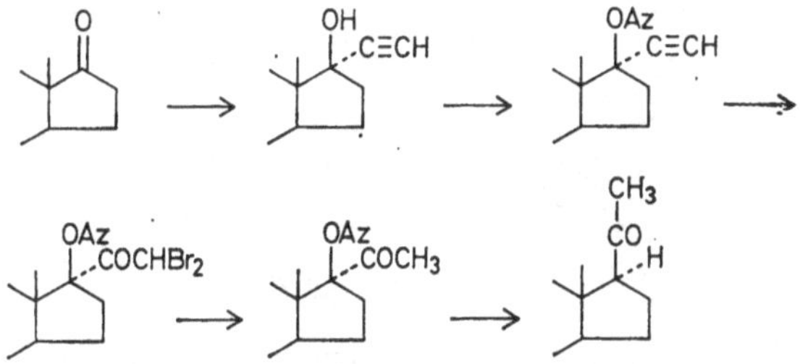

Abb. 14: Aufbau der Seitenkette durch HOBr-Addition an Äthinylgruppen

Eine weitere Methode, die von einer äthinierten Steroidverbindung ausgeht, wurde von PRINS und REICHSTEIN beschrieben. Nach der Hydrierung der Äthinyl- zur Vinylgruppe, einer sich anschließenden Allylumlagerung und Oxydation mit Osmiumtetroxid wird das dabei entstandene Triol mit Perjodsäure zum Aldehyd gespalten und dieser mit Diazomethan zur Seitenkette aufgebaut. Diese Synthese hat den Vorteil, daß gleichzeitig neben der Azetylseitenkette eine 17α-Hydroxylgruppe entsteht (Abb. 15).

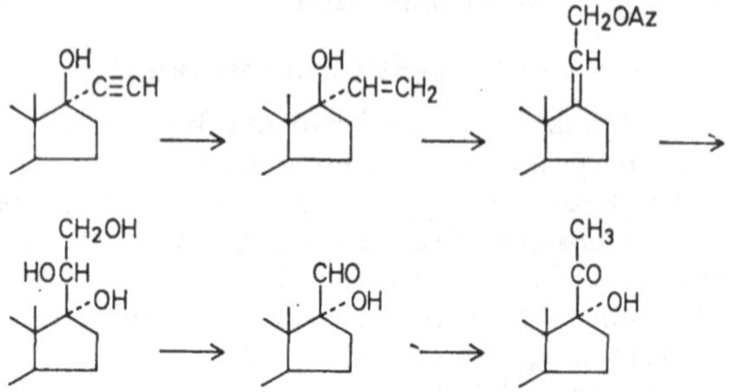

Abb. 15: Aufbau der Seitenkette nach PRINS und REICHSTEIN

Die Einführung einer für den weiteren Aufbau wichtigen Äthylidenseitenkette ist auch mit Hilfe der WITTIG-Reaktion aus 17-Ketosteroiden möglich (Abb. 16).

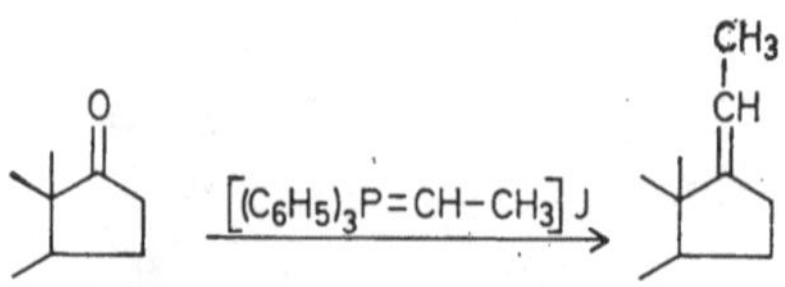

Abb. 16: Aufbau der Seitenkette mit Hilfe der WITTIG-Reaktion

Um die Methoden des Seitenkettenaufbaus weitgehend zu vervollständigen, sei noch auf die Möglichkeit der Zyanhydrinsynthese (Abb. 17) hingewiesen.

Methoden des Seitenkettenabbaus

Bei der Synthese von Steroidhormonen aus natürlichem Material ist der Abbau der am Kohlenstoffatom 17 befindlichen Seitenkette bedeutungsvoll. Bei der folgenden Beschreibung werden solche Methoden berücksichtigt, die industriell genutzt wurden und die zum Teil noch angewendet werden. Der Abbau erfolgt bis zur Stufe der C_{21}- bzw. C_{19}-Steroide.

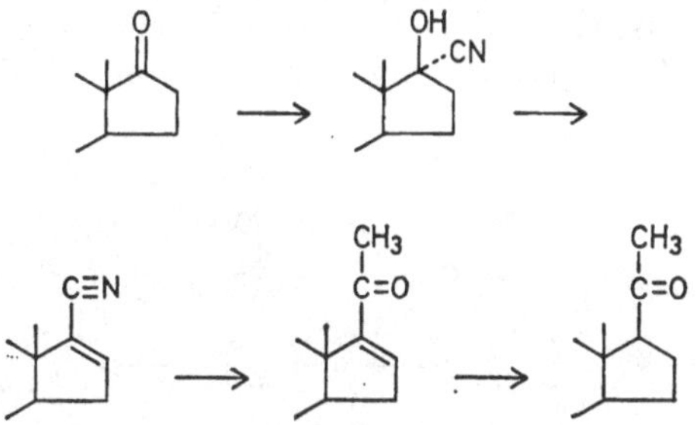

Abb. 17: Aufbau der Seitenkette durch Zyandrinsynthese

Das wichtigste natürliche Ausgangsmaterial — das Diosgenin — wird nach MARKER in vier Stufen zum Pregnenolon abgebaut (Abb. 18). Diese Synthese wurde später weiter bearbeitet, so daß eine Ausbeute an 16-Dehydropregnenolon von mehr als 60% bezogen auf Diosgenin erreicht werden kann. 16-Dehydropregnenolon ist für die Synthese von 17α-Hydroxysteroiden, z. B. spezieller Glukokortikoide oder Chlormadinon, ein ge-

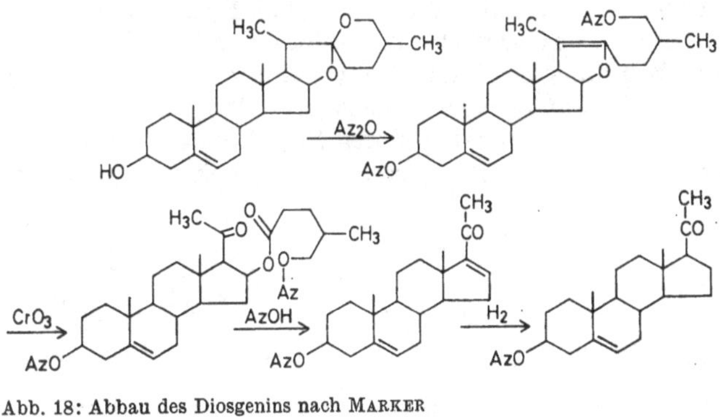

Abb. 18: Abbau des Diosgenins nach MARKER

fragter Rohstoff. Aus Pregnenolon erhält man durch Oxydation in einer Stufe Progesteron. Der weitere Abbau der noch aus zwei C-Atomen bestehenden Kette am C-Atom 17 des 16-Dehydropregnenolons zu Androgenen und Östrogenen erfolgt durch Oximierung, BECKMANNsche Umlagerung und anschließende Hydrolyse (Abb. 19).

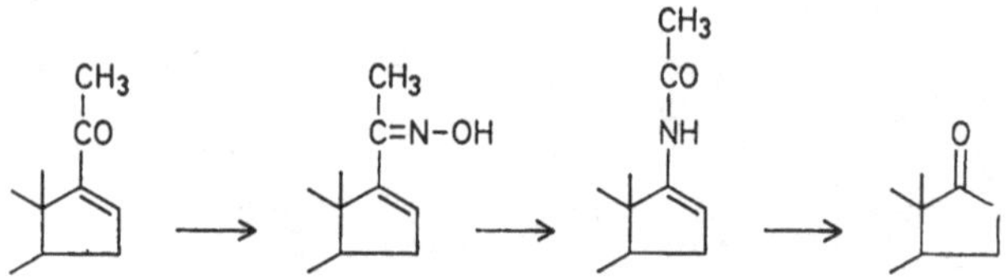

Abb. 19: Abbau der Azetylseitenkette

Eine Abbau-Methode der Gallensäureseitenkette beschrieben BARBIER und WIELAND. Hierbei wird der Cholansäureester mit CH_3MgBr zum entsprechenden Karbinol umgesetzt, das durch Oxydation des Dehydratisierungsproduktes die Norcholansäure ergibt. Nach zweimaliger Wiederholung dieser Syntheseschritte (Grignardierung und Oxydation) erhält man Ätiocholansäure. MEYSTRE und MIESCHER überarbeiteten diese Methode und wählten folgende Verfahrensstufen: Grignardierung des Gallensäureesters mit Phenylmagnesiumbromid, Dehydratisierung, Bildung des Allylbromids mit N-Bromsuccinimid, Dehydrobromierung und Oxydation des entstandenen Diens (Abb. 20).

Der Seitenkettenabbau des Stigmasterins beruht im wesentlichen auf der Spaltungsmöglichkeit der Seiten-

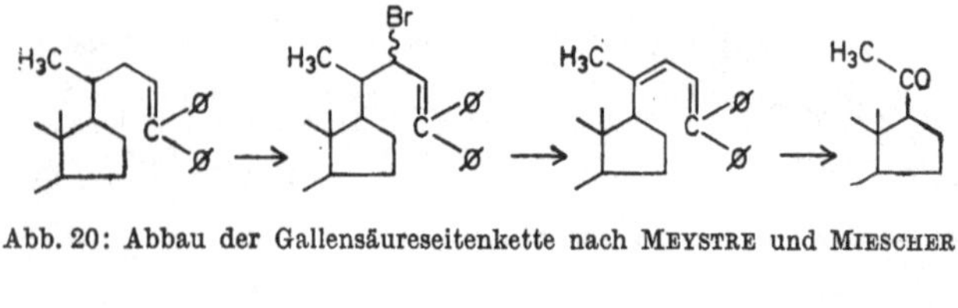

Abb. 20: Abbau der Gallensäureseitenkette nach MEYSTRE und MIESCHER

kette an der Doppelbindung zwischen den Kohlenstoffatomen 22 und 23. Dazu wird die 5,6-Dibromverbindung des Stigmasterinazetats mit Ozon umgesetzt und das dabei entstehende 22-Ozonid mit Hilfe geeigneter Methoden gespalten.

Biologische Methoden

Mikrobiologische Umsetzungen von Steroiden werden seit 1948 durchgeführt. Zu diesem Zeitpunkt veröffentlichten KRAMLI und HORVATH eine Arbeit über die Hydroxylierung des Cholesterins in 7-Stellung mit *Proactinomyceten*. Eine praktische Bedeutung erhielt die mikrobielle Hydroxylierung 1952 durch PETERSON und MURRAY, denen auf diesem Wege die Einführung einer Sauerstoffunktion in die für die Synthese von Kortikoiden wichtige 11-Stellung gelang. In den darauffolgenden Jahren wurden nicht nur Hydroxylierungsreaktionen, sondern auch Hydrierungen, Dehydrierungen, Hydrolysen, Epoxydationen, Seitenkettenabbaureaktionen und Trennungen razemischer Gemische auf mikrobiologischem Wege ermöglicht. Eine umfassende Zusammenstellung der genannten Reaktionen kann man der Monografie von ACHREM und TITOV [16] entnehmen.

Noch gering sind die Kenntnisse über den enzymatischen Reaktionsmechanismus bei der mikrobiologischen Umwandlung der Steroide. Man nimmt an, daß das einwirkende Enzym Komplexe mit Proteincharakter mit dem Steroid bildet, wie es auch bei anderen enzymatischen Reaktionen beobachtet wurde. WETTSTEIN gibt an, daß die Verkettung zwischen dem Enzym und dem Steroidmolekül aus irgendeiner Normalvalenz, einer koordinativen Bindung oder einer Wasserstoffbrückenverbindung bestehen oder durch van der WAALSsche Kräfte zustande kommen kann. Nach Beobachtungen von HAYANO und Mitarbeitern scheint der Chemismus der mikrobiellen Hydroxylierung auf einer direkten Einführung von atmosphärischem, d. h. molekularem Sauerstoff zu beruhen.

Im allgemeinen wird bei einer mikrobiologischen Umwandlung von Steroiden die in einem mit Wasser mischbaren organischen Lösungsmittel gelöste Steroidsubstanz zur Kulturlösung des entsprechenden Mikroorganismus gegeben. Nach der mit Hilfe chromatographischer Methoden kontrollierbaren Reaktion, die meist mehrere Tage dauert, wird das Reaktionsgemisch mit Methylenchlorid, Chloroform oder Essigsäureäthylester extrahiert und der Extrakt aufgearbeitet.

Hydroxylierungen

Mit Hilfe mikrobiologischer Methoden konnten bisher nahezu sämtliche Kohlenstoffatome am Steroidgerüst hydroxyliert werden. Die meisten Erfahrungen liegen über die Hydroxylierung des Pregnangerüstes vor. In Abb. 21 sind beim Östran-, Androstan- und Pregnangrundgerüst die bisher mikrobiologisch hydroxylierten Kohlenstoffatome gekennzeichnet. Darüberhinaus sind

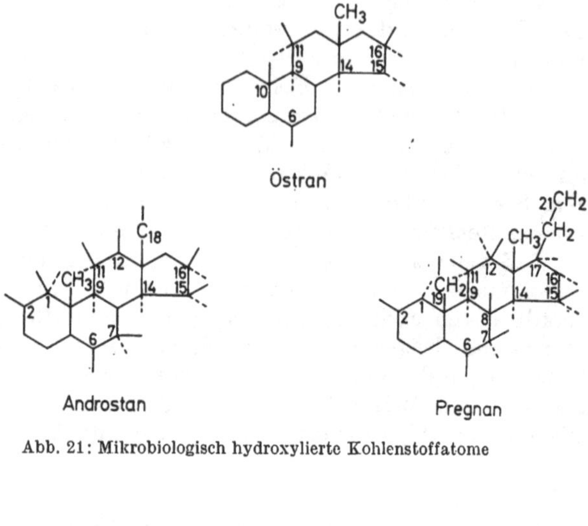

Abb. 21: Mikrobiologisch hydroxylierte Kohlenstoffatome

auch mikrobielle Hydroxylierungen am Cholan-, Cholestan-, Kardenolid- und Spirostangerüst bekannt.

Für die mikrobiologischen Hydroxylierungen von Steroidverbindungen wurden *Bakterien*, *Actinomyceten*, *Ascomyceten*, *Basidiomyceten*, *Fungi imperfecti* und *Phycomyceten* eingesetzt.

Neben der fermentativen Einführung einer OH-Gruppe an einem C-Atom wird in zahlreichen Publikationen die Hydroxylierung von zwei Kohlenstoffatomen in einem Fermentationsprozeß beschrieben. Hierbei überwiegen 6β,11α- und 6β,14α-Dihydroxylierungen.

Reduktionen von Karbonylgruppen

Spezielle Mikroorganismen — insbesondere *Schizomyceten*, *Ascomyceten*, *Basidiomyceten*, *Fungi imperfecti* und *Phycomyceten* — sind in der Lage, Karbonyl- zu Hydroxylgruppen zu reduzieren. In Tabelle 17 sind einige Möglichkeiten der mikrobiellen Reduktion von CO- zu den entsprechenden OH-Gruppen zusammengestellt.

Tabelle 17: *Mikrobiologische Reduktionen von Karbonyl- zu Hydroxylgruppen*

Karbonylgruppe am C-Atom	Konfiguration der entstehenden OH-Gruppe
3	$\alpha + \beta$
7	$\alpha + \beta$
11	β
12	α
15	β
16	$\alpha + \beta$
17	$\alpha + \beta$
19	—
20	$\alpha + \beta$
21	—

Dehydrierungen

Mit Hilfe enzymatischer Umwandlungen ist auch die Einführung von Doppelbindungen in das Steroidmolekül möglich. So wurden bisher Methoden der Dehydrierung zwischen den C-Atomen 1 und 2, 4 und 5, 7 und 8 sowie 16 und 17 beschrieben. Von industrieller Bedeutung ist die Dehydrierung zwischen C-Atom 1 und C-Atom 2 bei der Synthese des therapeutisch wichtigen Prednison aus Kortison bzw. von Prednisolon aus Hydrokortison und des Anabolikums 1-Dehydro-methyltestosteron (Dianabol) aus Methyltestosteron (Abb. 22).

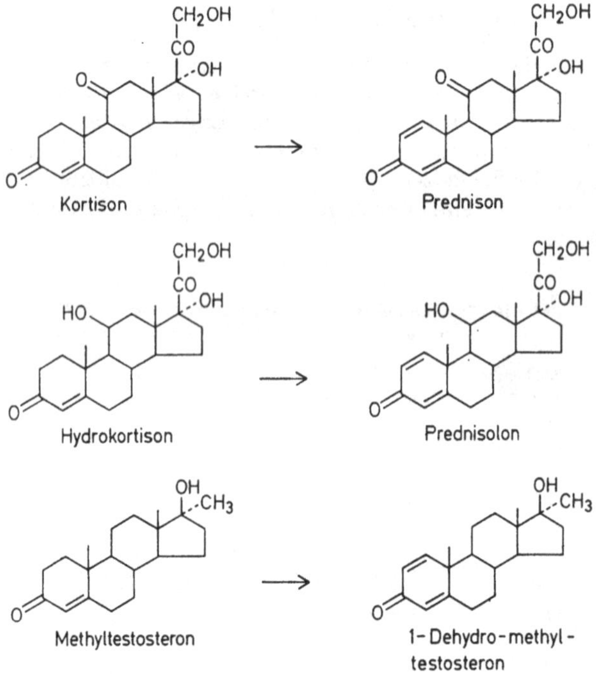

Abb. 22: Technische wichtige mikrobiologische Dehydrierungen

Hydrierungen

Spezielle Fermentsysteme sind auch für die Hydrierung von Doppelbindungen geeignet. Bakterien und *Actinomyceten* sowie Pilze wurden für die Hydrierung insbesondere der 1- und 4-Doppelbindung eingesetzt. Bei der Hydrierung der 4-Doppelbindung entstehen Steroide der 5α- bzw. der 5β-Reihe.

Razemattrennungen

In den zurückliegenden Jahren hat die Trennung synthetischer razemischer Steroidverbindungen mit Hilfe mikrobiologischer Methoden besonderes Interesse gefunden. Totalsynthetisch hergestellte razemische Steroidverbindungen können durch Umsetzung mit speziellen Heferassen in die beiden enantiomeren Formen getrennt werden, weil auf mikrobiellem Wege nur die Karbonylgruppe der unnatürlichen enantiomeren Form unverändert bleibt (Abb. 23).

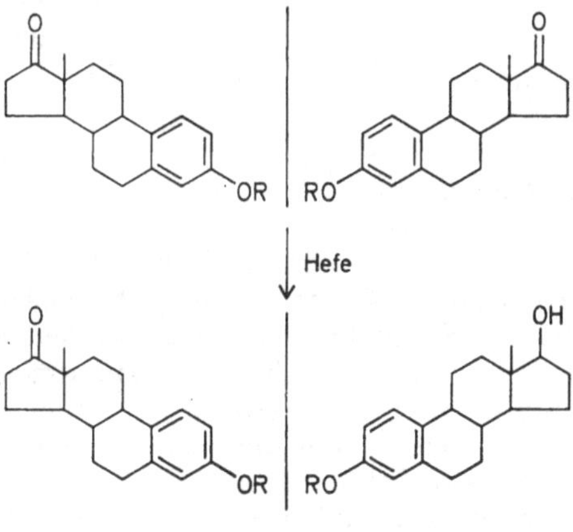

Abb. 23: Fermentative Umsetzung razemischer Steroide

Asymmetrische Synthese

Gibian und Mitarbeitern gelang mit Hilfe mikrobiologischer Methoden die asymmetrische Synthese eines wichtigen Zwischenprodukts der Steroidtotalsynthese. Durch Umsetzung von 3-Methoxy-8,14-seco-1,3,5(10), 9(11)-östratetraen-14,17-dion mit speziellen Heferassen wird nur eine der beiden am D-Ring befindlichen Karbonylgruppen zur Hydroxylgruppe reduziert. Die sich im Syntheseweg anschließende Zyklisierung führt zur einheitlichen D-Form. Durch Anwendung anderer Heferassen ist auf gleiche Weise die entsprechende enantiomere Form zugänglich (Abb. 24). Die asymmetrische Synthese ersetzte die kostenaufwendige Razemattrennung und gestaltete die Totalsynthese spezieller Steroidverbindungen auch ökonomisch effektiv.

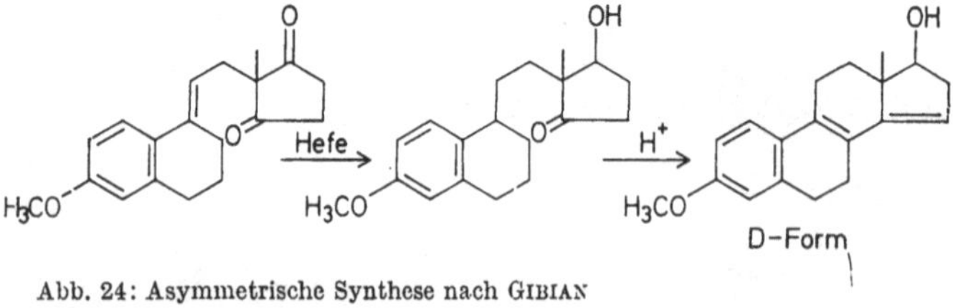

Abb. 24: Asymmetrische Synthese nach Gibian

4.1.2. Spezielle Synthesen

Mit Hilfe der auf natürlichen Rohstoffquellen aufbauenden Partialsynthesen ist es möglich, eine umfassende Palette von Steroidhormonen herzustellen. Sowohl die Nebennierenrinden- als auch die Sexualhormone sind partialsynthetisch zugänglich (Abb. 25). Jedoch nicht alle Partialsynthesen führen mit einem vertretbaren Aufwand zum gewünschten Endprodukt. Die Gruppe der C_{18}-Steroide kann technisch viel günstiger auf totalsynthetischem Wege erhalten werden.

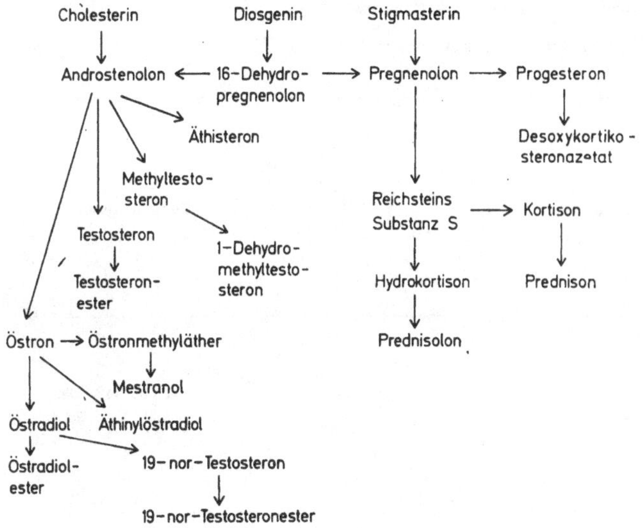

Abb. 25: Partialsynthetisch zugängliche Steroidhormone

Rohstoffe und Zwischenprodukte

In Tabelle 18 sind die wichtigsten Rohstoffe, die für Steroidsynthesen technisch genutzt werden, zusammengestellt.

Über die in Tabelle 18 angegebenen Verbindungen hinaus finden Gallensäuren wie Cholsäure, Desoxycholsäure und Hyodesoxycholsäure, die Steroidalkaloide Solasodin und Tomatidin sowie Hecogenin als Rohstoffe für Steroidsynthesen Verwendung. 16-Dehydropregnenolon (aus Diosgenin), Pregnenolon (aus Stigmasterin), Androstenolon (aus 16-Dehydropregnenolon bzw. Cholesterin) und Reichsteins Substanz S (aus 16-Dehydropregnenolon) sind wichtige Zwischenprodukte, die für Steroidhormonsynthesen eingesetzt werden.

Tabelle 18: *Rohstoffe für Partialsynthesen*

Bezeichnung	Strukturformel	Technisch nutzbare Vorkommen
Diosgenin	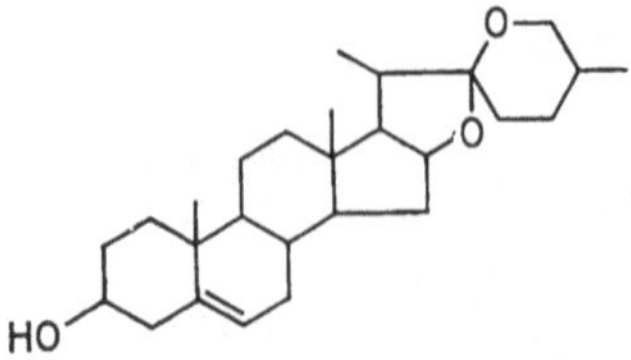	Dioscoreaceen
Cholesterin	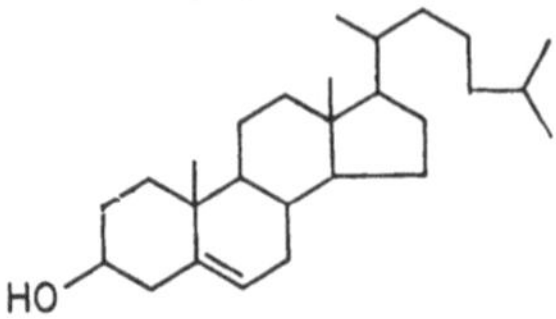	Rückenmark der Rinder und Schweine; Wollfett der Schafe
Stigmasterin	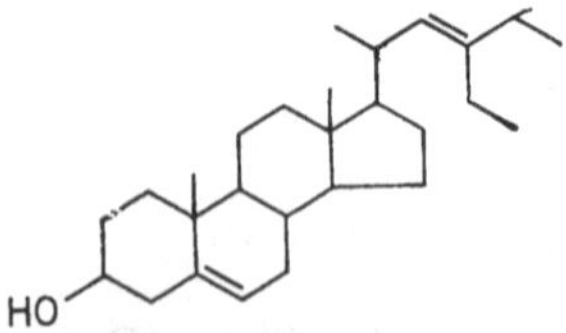	Sojabohnenöl Zuckerrohrwachs (ölige Fraktion)

16-Dehydropregenolon aus Diosgenin

Die Herstellung des 16-Dehydropregnenolons aus Diosgenin kann man Abb. 18 entnehmen.

Pregnenolon aus Stigmasterin

Stigmasterin bildet eine günstige Rohstoffbasis für die Gewinnung von Pregnenolon. Die 3-Hydroxylgruppe des Stigmasterins wird mit Essigsäureanhydrid in Gegenwart von Pyridin azetyliert, die Doppelbindung zwischen den C-Atomen 5 und 6 bromiert und die zwischen den

C-Atomen 22 und 23 ozonisiert. Man entbromiert anschließend, spaltet das Ozonid, verestert die bei der Spaltung des Ozonids gebildete Karbonsäure, setzt den Ester mit Phenylmagnesiumbromid um und dehydratisiert das entstandene Karbinol. Die ungesättigte Diphenylverbindung wird durch Oxydation mit Chromsäure in Pregnenolonazetat überführt, das man zum Pregnenolon verseift (Abb. 26).

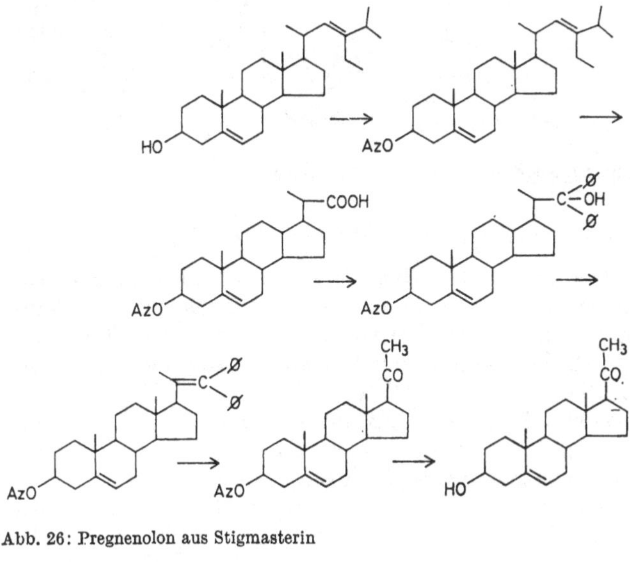

Abb. 26: Pregnenolon aus Stigmasterin

Androstenolon aus 16-Dehydropregnenolon

16-Dehydropregnenolon wird mit Hydroxylaminhydrochlorid in das 20-Oxim überführt, das mit Hilfe einer BECKMANNschen Umlagerung in Gegenwart von p-Azetaminobenzolsulfochlorid in das entsprechende Amid umgewandelt werden kann. Behandlung mit konz. Schwefelsäure und anschließende Verseifung ergeben das gewünschte Androstenolon (Abb. 27).

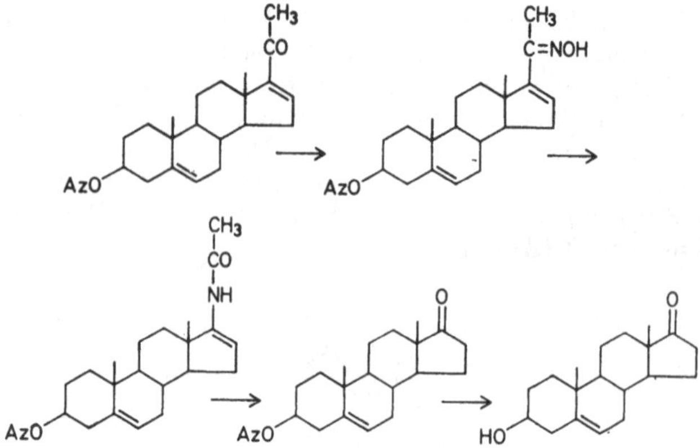

Abb. 27: Androstenolon aus 16-Dehydropregnenolon

Androstenolon aus Cholesterin

Der oxydative Abbau des Cholesterins ist seit 1935 bekannt. Die Ausbeuten lagen anfangs bei 1% Androstenolonazetatsemikarbazon bezogen, auf Cholesterin. Durch Bearbeitung des Verfahrens konnten später Ausbeuten von etwa 8% erreicht werden. Maas und de Heus stellten fest, daß durch Umlagerung des als Zwischenprodukt auftretenden $5\alpha,6\beta$-Dibromcholestans in die $5\beta,6\alpha$-Konfiguration die Ausbeute an Androstenolonazetatsemikarbazon auf 15–16% gesteigert werden kann. Folgende Reaktionsstufen sind für den Cholesterinabbau erforderlich:

- Azetylierung des Cholesterins
- Bromierung der Doppelbindung zwischen den C-Atomen 5 und 6
- Isomerisierung der Dibromverbindung
- Oxydation mit Chromsäure
- Entbromierung mit Zink
- Abtrennung der bei der Oxydation entstandenen Säuren von der Neutralfraktion

Ausfällung des entstandenen Androstenolonazetats aus der Neutralfraktion als Semikarbazon

Spaltung des Semikarbazons

Der Abb. 28 kann man das Syntheseschema entnehmen.

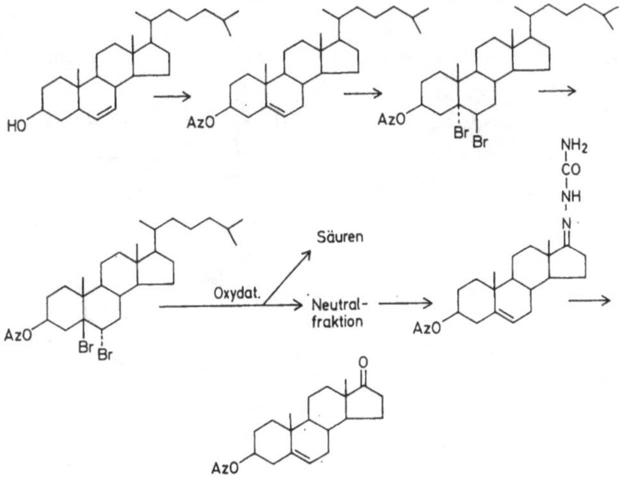

Abb. 28: Androstenolonazetat aus Cholesterin (Vereinfachtes Schema)

Reichsteins Substanz S aus 16-Dehydropregnenolon

Reichsteins Substanz S stellt ein wichtiges Zwischenprodukt für die Synthese der Kortikoide Kortison, Prednison, Hydrokortison und Prednisolon dar. Die 16-Doppelbindung des 16-Dehydropregnenolons wird in der ersten Reaktionsstufe epoxydiert, die 5-Doppelbindung durch Bromierung und die 3-OH-Gruppe durch Azetylierung geschützt. Anschließend spaltet man den Epoxidring unter Bildung des Bromhydrins. Die 21-Methylgruppe wird bromiert und das Bromatom durch

Behandlung mit Natriumjodid durch Jod ersetzt, das man anschließend mit Hilfe von Kaliumazetat durch die Azetylgruppe substituiert. Durch eine folgende OPPENAUER-Oxydation erhält man das 4-En-3-ketosystem. Die Eliminierung des 16β-Bromatoms erfolgt durch Behandlung mit entaktiviertem Raney-Nickel. Abb. 29 zeigt das stark vereinfachte Reaktionsschema.

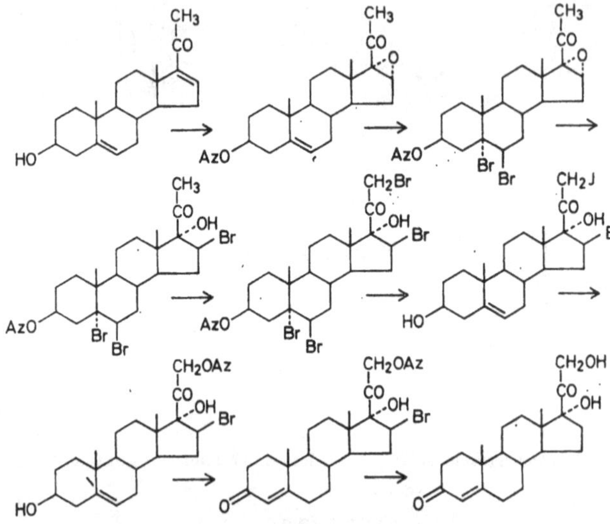

Abb. 29: Reichsteins Substanz S aus 16-Dehydropregnenolon

Herstellung natürlich vorkommender Steroidhormone

Die in den folgenden Abschnitten beschriebenen Synthesen natürlich vorkommender Steroidhormone basieren auf den zuvor angeführten Rohstoffen und Zwischenprodukten. Darüberhinaus sind in der Literatur viele Herstellungsmethoden zu finden, denen andere als die beschriebenen Ausgangsprodukte zugrunde liegen [1].

Synthese von Progesteron

Progesteron wird auf einfache Weise durch Oppenauer-Oxydation von Pregnenolon gewonnen. Dazu wird Pregnenolon in Benzol oder Toluol gelöst und mit Zyklohexanon in Gegenwart von Aluminiumisopropylat mehrere Stunden am Rückfluß erhitzt. Die Ausbeute an Progesteron beträgt mindestens 85% bezogen auf Pregnenolon (Abb. 30).

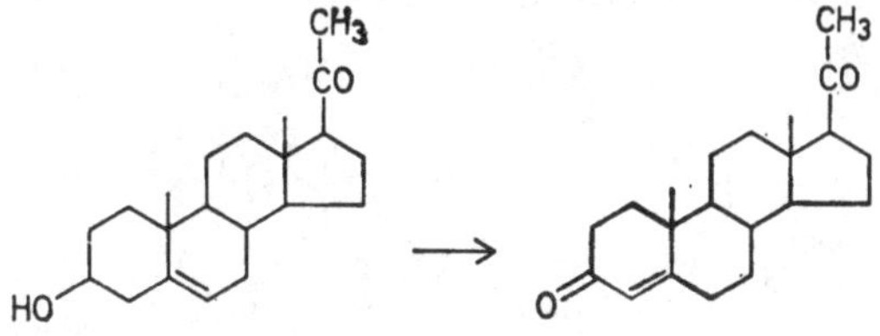

Abb. 30: Progesteron aus Pregnenolon

Synthese von Desoxykortikosteronazetat

Mit einer Ausbeute von ca. 45% erhält man Desoxykortikosteronazetat aus Progesteron durch Jodierung der 21-Methylgruppe und anschließende Umsetzung des 21-Jod-progesterons mit Kaliumazetat (Abb. 31).

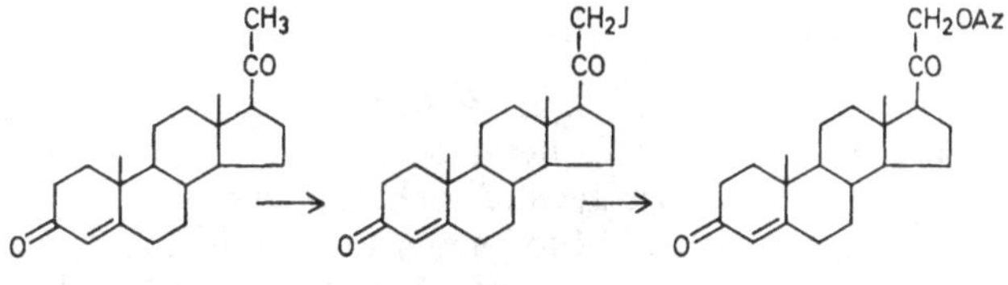

Abb. 31: Desoxykortikosteronazetat aus Progesteron

Synthese von Kortison

Die Herstellung von Kortison wurde erst ökonomisch vertretbar, nachdem es Peterson gelungen war, das Kohlenstoffatom 11 auf mikrobiologischem Wege zu hydroxylieren. Diese Reaktion, die zunächst am Progesteron mit dem Pilz *Rhizopus nigricans* zum Erfolg führte, konnte später ohne Schwierigkeiten auf Reichsteins Substanz S übertragen werden. Man erhält dabei als Zwischenprodukt Kendalls Substanz „epi F" (4-Pregnen-11α,17α,21-triol-3,20-dion), deren Hydroxylgruppe am C-Atom 21 selektiv azetyliert wird. Anschließend erfolgt die Oxydation der OH-Gruppe am C-Atom 11 unter Bildung von Kortisonazetat (Abb. 32), das man durch vorsichtige Hydrolyse in Kortison überführt.

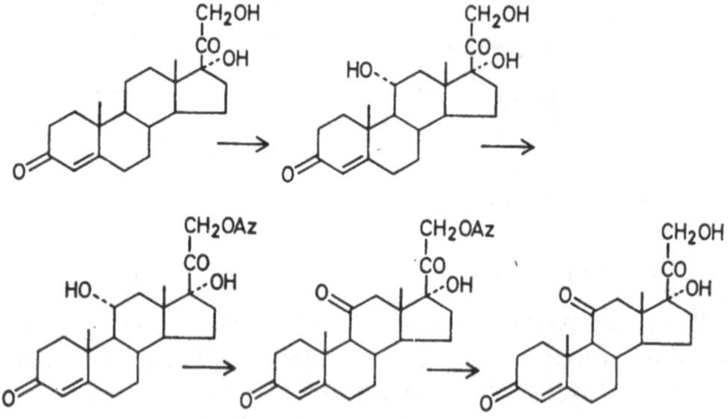

Abb. 32: Kortison aus Reichsteins Substanz S

Synthese von Hydrokortison

Hydrokortison wird auf fermentativem Wege aus Reichsteins Substanz S hergestellt (Abb. 33). Es muß hierzu bemerkt werden, daß sich die Einführung der Hydroxylgruppe in 11β-Stellung aus sterischen Gründen schwieriger gestaltet als die Einführung einer 11α-Hydroxylgruppe. Hinzu kommt, daß bei der mikrobiologischen Inkubation stets neben der 11β- in geringem Maße auch eine 11α-Hydroxylierung stattfindet, so daß eine Trennung der Isomeren erfolgen muß. Als Mikroorganismen werden in der Regel spezielle *Curvularia*-Arten eingesetzt.

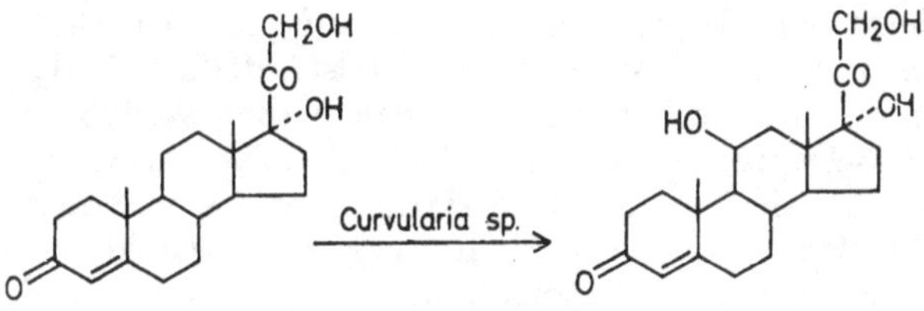

Abb. 33: Hydrokortison aus Reichsteins Substanz S

Synthese von Testosteron

Die technischen Synthesen von Testosteron verwenden in den meisten Fällen Androstenolonazetat als Ausgangsmaterial. Eine der möglichen Methoden gliedert sich in folgende Reaktionsschritte: Reduktion der 17-Karbonylgruppe mit $NaBH_4$ und anschließende Veresterung mit Benzoylchlorid in Pyridin. Damit wird eine partielle Verseifung der 3-Azetylgruppe ermöglicht, der eine Oppenauer-Oxydation unter Ausbildung des 4-En-3-ketosystems und Verseifung des 17β-Benzoats folgen (Abb. 34).

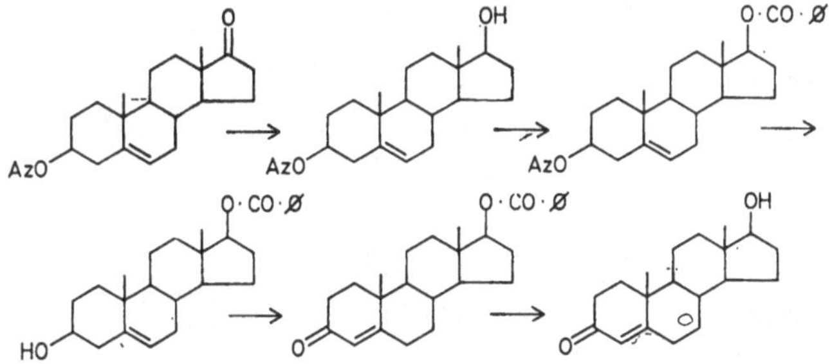

Abb. 34: Testosteron aus Androstenolonazetat

Synthese von Östron

Östron ist ein wichtiges Ausgangsprodukt für die Herstellung der therapeutisch wichtigen Östradiolester und der 17-Äthinylverbindungen. Obwohl Östron auf totalsynthetischem Wege günstiger als auf partialsynthetischem zugänglich ist, soll der Vollständigkeit halber eine partialsynthetische Methode beschrieben werden.

Die 5-Doppelbindung des Androstenolons wird zunächst hydriert und die 3-Hydroxygruppe oxydiert. Anschließend erfolgt die Einführung von Bromatomen in Nachbarstellung (C-Atome 2 und 4) zur 3-Ketogruppe und HBr-Abspaltung zum 1,4-Dien-3-keto-system, das einer Pyrolyse in Tetralin oder Mineralöl bei Temperaturen um 500 °C unterworfen wird. Eine weitere Möglichkeit zur Herstellung des für die Pyrolyse erforderlichen 1,4-Dien-3-keto-systems besteht darin, Androstenolon nach Oppenauer zu oxydieren und das entstandene 4-Androsten-3,17-dion in 1-Stellung mit SeO_2 oder auf mikrobiellem Wege zu dehydrieren (Abb. 35).

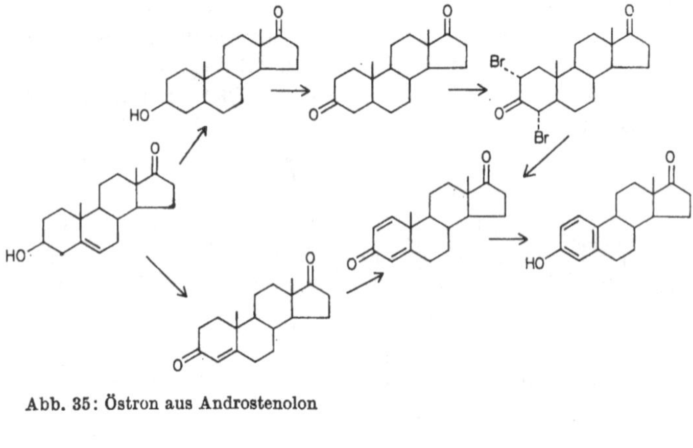

Abb. 35: Östron aus Androstenolon

Herstellung synthetischer Steroidhormone

Synthetische Steroidhormone haben in den letzten Jahren für die Therapie eine weitaus größere Bedeutung erlangt als natürliche Steroidhormone. Durch geringfügige chemische Veränderungen an den Molekülen natürlicher Verbindungen konnten Steroidwirkstoffe erhalten werden, die über günstige Wirkungsspektren verfügen. In vielen Fällen gelang es, durch Einführung geeigneter Substituenten oral applizierbare Verbindungen zu synthetisieren, obwohl das Ausgangssteroid nur parenteral wirksam ist.

Herstellung synthetischer Kortikoide

An synthetischen Kortikoiden haben sich insbesondere Prednison und Prednisolon einschließlich ihrer Derivate, z. B. Dexamethason (9α-Fluor,16α-methyl-prednisolon) bewährt.

Synthese von Prednison und Prednisolon

Prednison und Prednisolon unterscheiden sich von den ihnen zugrunde liegenden natürlichen Verbindungen Kortison und Hydrokortison lediglich durch eine zusätzliche Doppelbindung zwischen den C-Atomen 1 und 2, die auf chemischem Wege durch Dehydrierung mit SeO_2 oder mit Hilfe biologischer Methoden eingeführt werden kann (Abb. 22).

Synthese von Dexamethason

Dexamethason besitzt im Vergleich zum Prednisolon zusätzlich ein Fluor-Atom in 9α- und eine Methylgruppe in 16α-Stellung. Die Schwierigkeit der Synthese besteht darin, die Stufenfolge so zu wählen, daß ausgehend von einem günstigen Rohstoff die funktionellen Gruppen möglichst rationell eingeführt werden können. Die Dexamethason-Synthese stellt ein Beispiel einer vielstufigen Partialsynthese eines Pharmakons dar.

Eine Möglichkeit der Stufenfolge bietet die folgende Methode: 16-Dehydropregnenolon wird in der ersten Stufe mit Methylmagnesiumhalogenid in 16α-Methylpregnenolon überführt. Es folgen die Hydrierung der 5-Doppelbindung, Enolazetylierung der Azetylseitenkette, Bildung des 17,20-Epoxids und dessen Spaltung, Bromierung des Kohlenstoffatoms 21 und Umesterung zum 21-Azetat. In den nachfolgenden Schritten wird in der bereits beschriebenen Weise das 1,4-Dien-3-ketosystem gebildet (Oxydation der 3-OH-Gruppe, Bromierung des Ketons und Dehydrobromierung), und man erhält 16α-Methyl-1,4-pregnadien-17α,21-diol-3,20-dion, das in der nächsten Reaktionsstufe mikrobiologisch hydroxyliert wird. Die dabei entstehende 11α-Hydroxyverbindung wird tosyliert und die Tosylgruppe unter Ausbildung der 9(11)-Doppelbindung abgespalten. Anschließend wird über die Stufe des Epoxids die 9α-Fluor-11β-hydroxy-gruppierung eingeführt. Das sehr vereinfachte Reaktionsschema ist der Abb. 36 zu entnehmen.

Synthese von Fluocortolon

Ein weiteres Beispiel für die Synthese eines antiinflammatorisch wirkenden Steroids ist die des Fluocortolons. Diese Verbindung ist insofern bemerkenswert, da trotz fehlender 17α-Hydroxygruppe bei oraler Applikation eine starke entzündungshemmende Wirkung festgestellt werden konnte.

Fluocortolon ist 6α-Fluor-16α-methyl-1,4-pregnadien-11β,21-diol-3,20-dion. Die Einführung einer 16α-Methylgruppe wurde bereits bei der Synthese des Dexamethasons beschrieben, so daß für die Darlegung der Synthese als Ausgangsprodukt ein Material gewählt werden kann, das die 16α-Methylgruppe bereits im Molekül enthält. An die Doppelbindung von 16α-Methyl-5-pregnen-3β,21-diol-20-on-21-azetat wird BrF addiert. Anschließend erfolgen nacheinander die Oxydation der 3-Hydroxyl- zur 3-Ketogruppe, die Abspaltung von HBr unter Bildung der 4-Doppelbindung, die Umlagerung des 6β- zum 6α-Fluor-Substituenten durch Säuren und die Verseifung der 21-Azetatgruppe. Die Einführung der 11β-OH-Gruppe erfolgt auf mikrobiologischem Wege vorzugsweise mit *Curvularia lunata* und die der 1-Doppelbindung mit Hilfe von *Coryne*-Bakterien (Abb. 37).

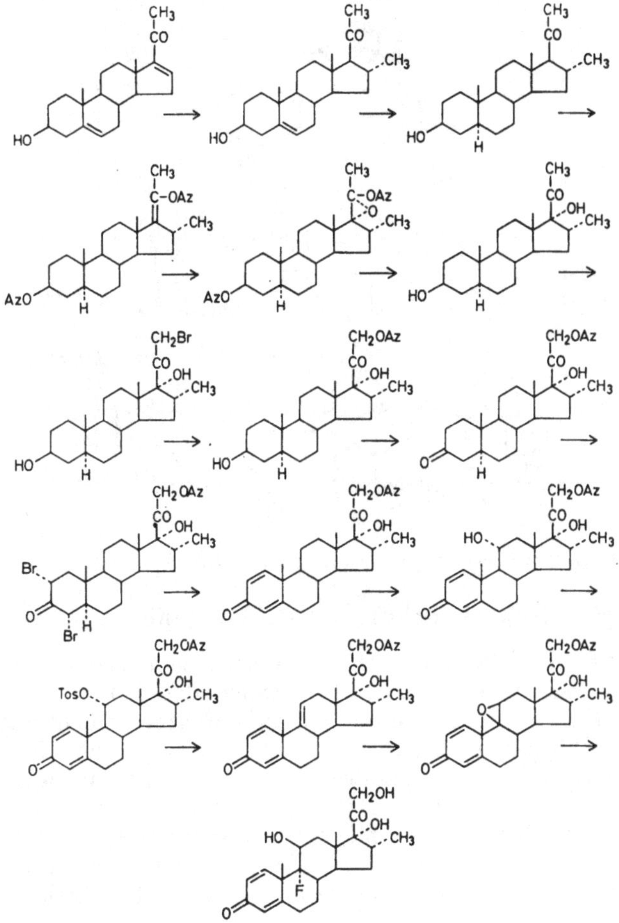

Abb. 36: Dexamethason aus 16-Dehydropregnenolon

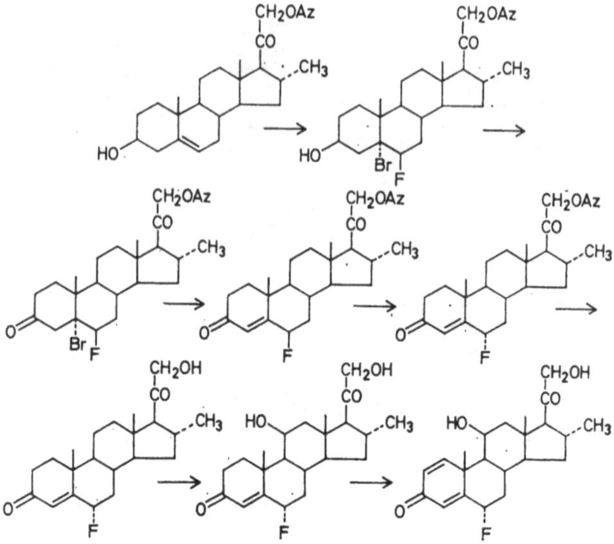

Abb. 37: Fluocortolon aus 16α-Methyl-5-pregnen-3β,21-diol-20-on-21-azetat

Herstellung synthetischer Gestagene

Synthetische oral wirksame Gestagene haben in den Kontrazeptiva eine große Bedeutung erlangt. Es werden nachfolgend solche Verbindungen beschrieben, die in den zurückliegenden Jahren und zum gegenwärtigen Zeitpunkt in der therapeutischen Praxis in weitem Maße angewendet werden. In jüngster Zeit wurden Progestagene synthetisiert, die nur auf totalsynthetischem Wege zugänglich sind und bei oraler Applikation auch als Razemat eine hohe progestagene Aktivität besitzen (Norgestrel).

Synthese von Äthisteron

Äthisteron ist als synthetisches Gestagen schon sehr lange bekannt. Es wurde aus Androstenolon durch Äthinierung und anschließende OPPENAUER-Oxydation erhalten (Abb. 38).

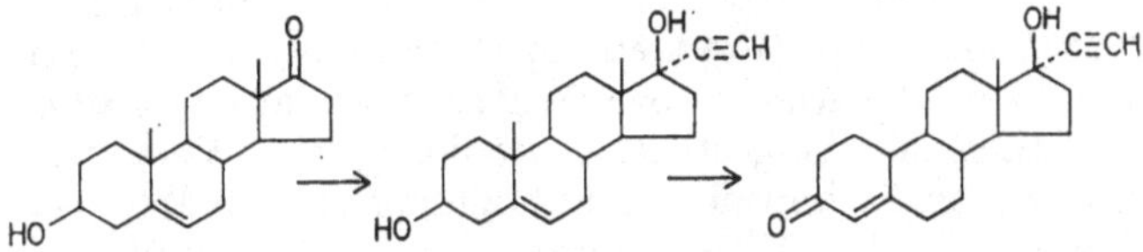

Abb. 38: Äthisteron aus Androstenolon

Synthese von Chlormadinonazetat

Für die Herstellung von Chlormadinonazetat ist 17α-Azetoxyprogesteron ein günstiges Ausgangsmaterial. Mit Hilfe von Chloranil als Dehydrierungsmittel wird in 17α-Azetoxyprogesteron die 6-Doppelbindung eingeführt. Anschließend erfolgt Epoxydation dieser Doppelbindung mit Benzoepersäure. Das 6,7-Epoxid wird mit Salzsäure unter Bildung des gewünschten Chlormadinonazetats gespalten (Abb. 39).

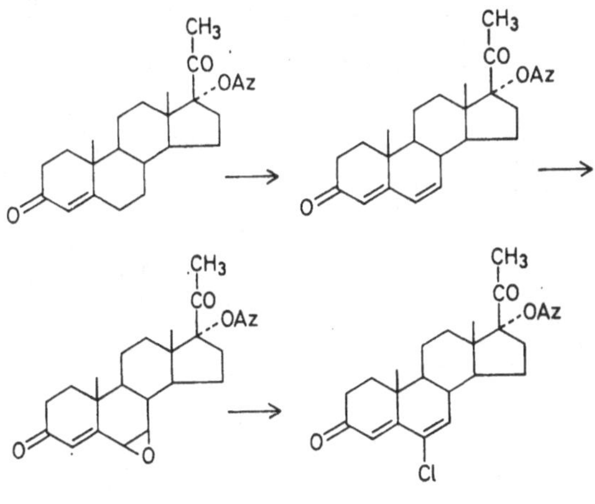

Abb. 39: Chlormadinonazetat aus 17α-Azetoxyprogesteron

Synthese von Noräthisteron und Noräthinodrel

Noräthisteron, Noräthisteronazetat und Noräthinodrel finden als 19-nor-Gestagene in Ovulationshemmern Verwendung. Sie werden partialsynthetisch aus Östradiol-3-methyläther hergestellt. Östradiol-3-methyläther wird der Birch-Reduktion unter Bildung von 3-Methoxy-2,5(10)-östradien-17β-ol unterworfen. Es folgen die Oxydation der 17β-Hydroxygruppe nach Oppenauer und die Äthinierung der entstandenen Karbonylgruppe. Für die Herstellung des Noräthinodrels wird das Äthinierungsprodukt mit Oxalsäure in das 5(10)-En-3-keto-System und zur Herstellung des Noräthisterons mit Mineralsäuren zum 4-En-3-keto-System umgelagert (Abb. 40).

Beim Noräthisteron kann man auch so verfahren, daß man die als Zwischenprodukt entstehende 1,4-Dihydro-

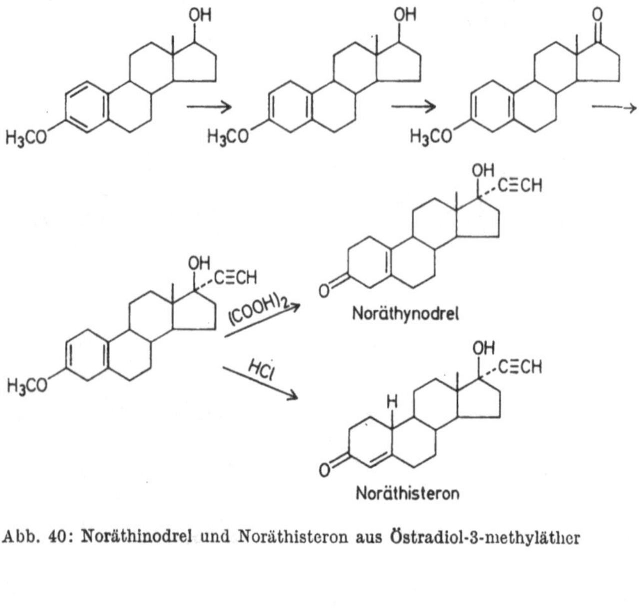

Abb. 40: Noräthinodrel und Noräthisteron aus Östradiol-3-methyläther

verbindung mit Salzsäure zum 19-nor-Testosteron umlagert, dieses zum 19-nor-Androsten-3,17-dion oxydiert und anschließend selektiv äthiniert (Abb. 41).

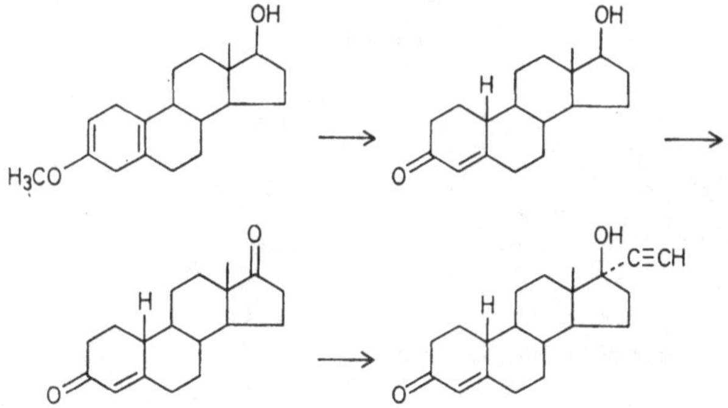

Abb. 41: Noräthisteronsynthese über 19-nor-Testosteron als Zwischenprodukt

Herstellung synthetischer Östrogene

Die im Handel befindlichen hormonellen Kontrazeptiva enthalten als östrogene Komponente ausschließlich die oral applizierbaren synthetischen Östrogene Äthinylöstradiol oder Mestranol. Ein orales Östrogen mit Depotwirkung ist Äthinylöstradiolzyklopentyläther (Quinöstrol).

Man erhält Äthinylöstradiol durch Äthinierung von Östron, Mestranol durch Äthinierung von Östronmethyläther und Quinöstrol durch Umsetzung von Äthinylöstradiol mit Zyklopentylbromid (Abb. 42).

Herstellung synthetischer Androgene und Anabolika

Ein wichtiges synthetisches Androgen ist das oral wirksame Methyltestosteron, das durch Umsetzung von Androstenolon mit CH_3MgCl und anschließende Oppenauer-Oxydation hergestellt wird (Abb. 43).

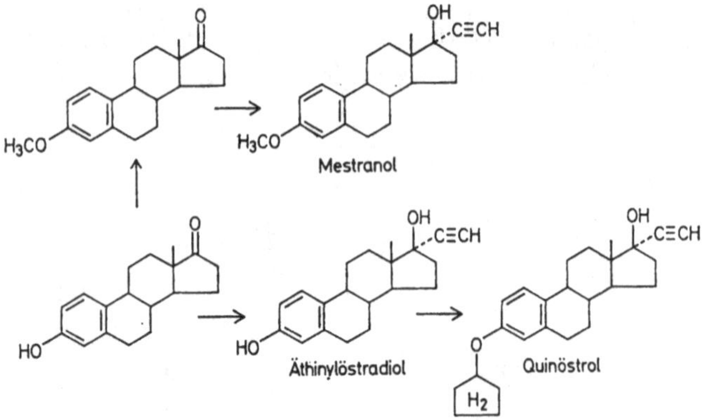

Abb. 42: Synthetische Östrogene aus Östron

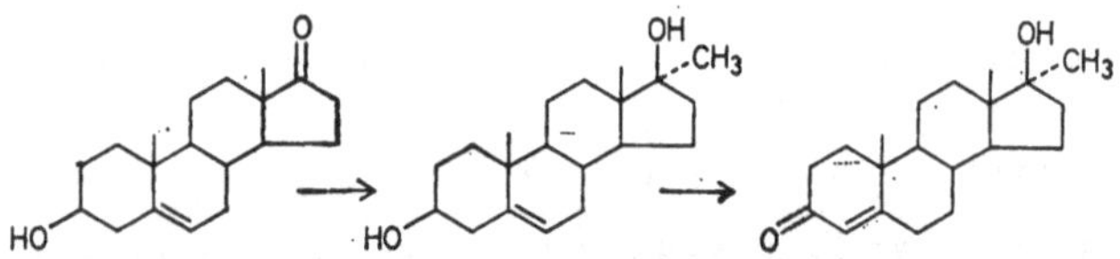

Abb. 43: Methyltestosteron aus Androstenolon

Durch Dehydrierung des Methyltestosterons auf chemischem oder biologischem Wege erhält man das oral applizierbare Anabolikum 1-Dehydro-methyl-testosteron (Dianabol).

Anabolika, die parenteral appliziert eine Depotwirkung besitzen, können durch Veresterung von 19-nor-Testosteron mit langkettigen Fettsäurechloriden (Dekanoylchlorid) erhalten werden.

4.2. *Totalsynthese*

Etwa zehn Jahre nach den ersten Konstitutionsaufklärungen natürlich vorkommender Steroidverbindungen gelang Bachmann, Cole und Wilds 1939 die Totalsynthese des Equilenins. Im Vergleich zu den anderen Sexualhormonen und zu den Kortikoiden besitzt diese Verbindung nur wenige asymmetrische C-Atome.

Die Hauptschwierigkeit, das komplizierte Vierringsystem des Sterans aufzubauen, besteht in der erforderlichen stereoselektiven Arbeitsweise. Bei n Asymmetriezentren sind bekanntlich 2^n isomere Verbindungen möglich, von denen aber in den meisten Fällen nur eine biologisch aktiv, d. h. pharmakologisch und therapeutisch interessant und bedeutungsvoll ist. Neben einer hohen Stereospezifität müssen die Synthesen wirtschaftlich und technisch durchführbar sein. Man kann deshalb in der Entwicklung der Totalsynthese von Steroiden, die in jüngster Zeit auch im technischen Maßstab durchgeführt wird, folgende Entwicklungstendenzen erkennen:

1. Aufbau der Grundstruktur;
2. Entwicklung von Methoden zur Razematspaltung bzw. von asymmetrischen Synthesen;
3. Seitenkettenaufbau am C-Atom 17 und
4. Einführung von Methyl- bzw. Alkylgruppen am C-Atom 10.

4.2.1. Historische Entwicklung

Zusammenfassende Darstellungen über die Entwicklung der Totalsynthese von den Anfängen bis in die Gegenwart findet man u. a. bei VELLUZ [17, 18], TORGOV [19] und ACHREM [20].

Wie bereits erwähnt, beschrieben BACHMANN, COLE und WILDS 1939 die erste Totalsynthese eines natürlich vorkommenden Steroids, des Equilenins. Die ersten Stufen des Verfahrens, das von der CLEVES-Säure ausgeht, kann man bis zur Stufe des 1-Azetylamino-6-methoxy-naphthalin einer Arbeit von BUTENANDT entnehmen. Abb. 44 gibt das Reaktionsschema wieder.

1948 erschien die erste Östron-Synthese (Ausgangsprodukt: 1-Keto-2-methyl-7-methoxy-1,2,3,4,9,10,11,12-oktahydrophenanthren-2-karbonsäuremethylester) in

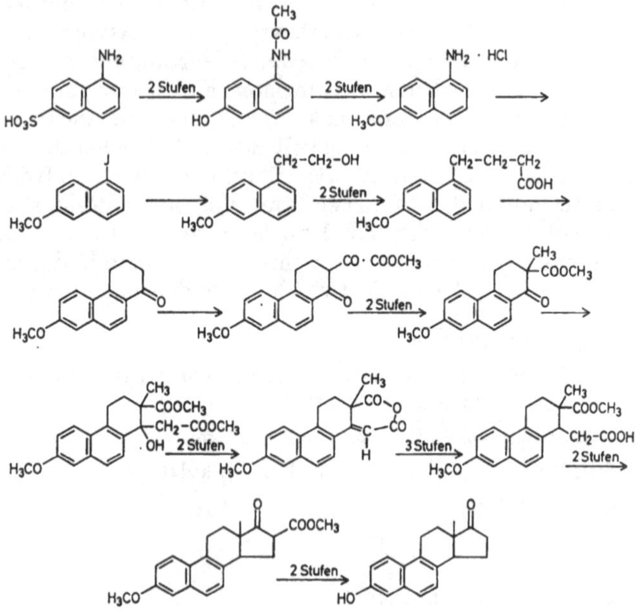

Abb. 44: Equilenin-Synthese nach BACHMANN

einer Publikation von MIESCHER (Abb. 45), 1950 folgte die zweite Östronsynthese durch JOHNSON (Abb. 46). WOODWARD und ROBINSON widmeten sich insbesondere den Totalsynthesen von Cholesterin und den der Sexual- und Nebennierenrindenhormone (1952). 1955/56 publizierte JOHNSON die Synthese des Epiandrosterons und des Testosterons. WETTSTEINS Aldosteron-Synthese wurde im gleichen Jahr beschrieben. 1959/60 veröffentlichten HUGHES/SMITH, TORGOV/ANANČENKO, BANERJEE und

VELLUZ interessante Östron-Synthesen. Der Totalsynthese der Sapogenine und Steroid-Alkaloide widmete sich SONDHEIMER. 1966 gelang GIBIAN die asymmetrische Synthese eines wichtigen totalsynthetischen Zwischenprodukts. Damit entfiel die kostenaufwendige

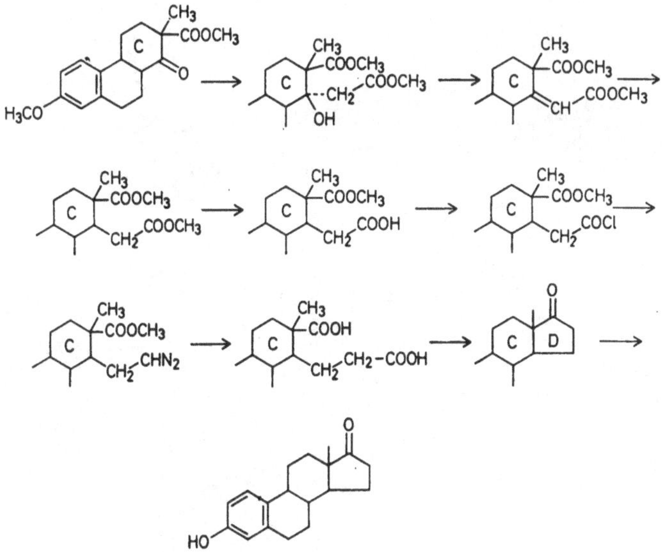

Abb. 45: Totalsynthese von raz. Östron nach MIESCHER

Razemattrennung, und die Steroid-Totalsynthese wurde auch für die pharmazeutische Industrie interessant. 1967—1969 erschienen in der Literatur orginelle Methoden des Seitenkettenaufbaus und der Einführung von Alkylgruppen am Kohlenstoffatom 10. Die Totalsynthese bietet weiterhin vielfältige Möglichkeiten zur Synthese in der Natur nicht vorkommender pharmakologisch wirksamer Verbindungen.

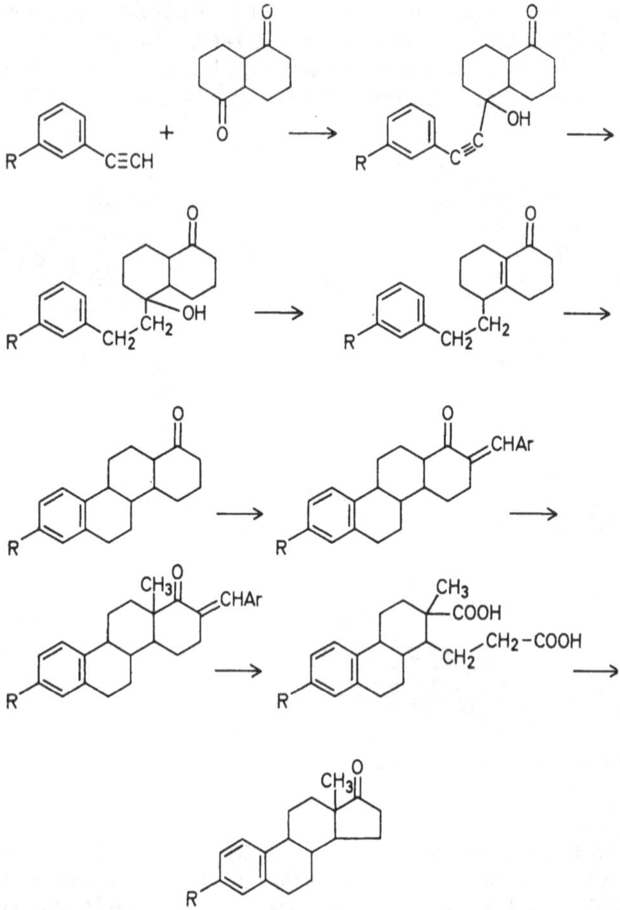

Abb. 46: Totalsynthese von raz. Östron nach JOHNSON

4.2.2. Syntheseprinzipien

Für den Aufbau des Steroid-Grundgerüstes wurden in den zurückliegenden Jahren unterschiedliche Syntheseprinzipien entwickelt. Grundsätzlich unterscheidet man zwischen linearen und konvergierenden Schemata. Das lineare Syntheseschema baut nacheinander das Steroidmolekül durch Hinzufügen kleiner „Bauteile" auf, während beim konvergierenden Schema kleinere Steroidmolekülteile getrennt synthetisiert und später zum Steroid zusammengefügt werden. Dieses Syntheseprinzip hat gegenüber dem linearen Schema den Vorteil, daß die kostenaufwendigen Stufen am Ende der Synthese liegen.

Folgende Schemata sind z. B. möglich:

Anmerkung: D_5 und D_6 sind 5- bzw. 6-gliedrige karbozyklische Ringe.

Lineare Schemata:

$$AB \to ABC \to ABCD_5$$

$$A \to AB \to ABC \to ABCD_5$$

$$C \to CD_6 \to BCD_6 \to ABCD_6 \to ABCD_5$$

$$C \to BC \to ABC \to ABCD_5$$

$$BC \to BCD_5 \to ABCD_5$$

$$AB \to ABD_5 \to ABCD_5$$

$$CD_6 \to BCD_6 \to ABCD_6 \to ABCD_5$$

Konvergierende Schemata:

$$\left.\begin{matrix} A \\ CD_6 \end{matrix}\right\rangle \to ABCD_6 \to ABCD_5$$

$$\left.\begin{matrix} AB \\ D_6 \end{matrix}\right\rangle \to ABCD_6 \to ABCD_5$$

$$\left.\begin{matrix}A\\D_5\end{matrix}\right\rangle\rightarrow ABCD_5$$

$$\left.\begin{matrix}AB\\D_5\end{matrix}\right\rangle\rightarrow ABCD_5$$

$$\left.\begin{matrix}A\\CD_5\end{matrix}\right\rangle\rightarrow ABCD_5$$

4.2.3. Technisch interessante Synthesewege

Variante $D \rightarrow CD \rightarrow ACD \rightarrow ABCD$

Die Synthese des Steroidgrundgerüstes nach dem Schema

$$D \rightarrow CD \rightarrow ACD \rightarrow ABCD$$

wurde von Crispin und Whitehurst sowie Hughes und Smith beschrieben (Abb. 47). Bei diesem Verfahren wird das Steroidmolekül aus drei zunächst getrennt voneinander hergestellten Teilen (*I*, *III*, *IX*) aufgebaut.

In der ersten Reaktionsstufe wird Azeton mit Diäthylamin und Formaldehyd zu 4-Diäthylaminobutanon-2 (*I*) umgesetzt, das durch Erhitzen auf 150 °C unter Abspaltung von Diäthylamin in Methyl-vinyl-keton (*II*) überführt wird. In Gegenwart von Kaliumhydroxid addiert man *II* an 2-Methyl-zyklopentandion-1,3 (*III*) unter Bildung von 2-Methyl-2-(3′-oxobutyl)-zyklopentandion-1,3 (*IV*), das in benzolischer Lösung mit p-Toluolsulfonsäure zu 5,6,7,8-Tetrahydro-8-methylindan-1,5-dion (*V*) kondensiert wird. Damit sind die Ringe C und D vollständig. Das Indandion *V* wird mit Kalium-tert. butylat in das Monoenolat überführt und dieses mit 3-Methoxyphenyläthylbromid (*IX*) zum 5,6,7,8-Tetrahydro-4,3′-methoxyphenyläthyl-8-methylindan-1,3-dion (*VI*) kondensiert. Anschließend erfolgt die katalytische Hydrierung der Verbindung *VI* und Kondensation unter Bildung von raz. 3-Methoxy-1,3,5(10),9(11)-östratetraen-17-on (*VII*), das zunächst mit $NaBH_4$

$$CH_3{-}CO{-}CH_3 + (C_2H_5)_2NH + CH_2O \longrightarrow \underset{\text{I}}{CH_3{-}CO{-}CH_2{-}CH_2{-}N(C_2H_5)_2}$$

$$\longrightarrow \underset{\text{II}}{CH_3{-}CO{-}CH{=}CH_2}$$

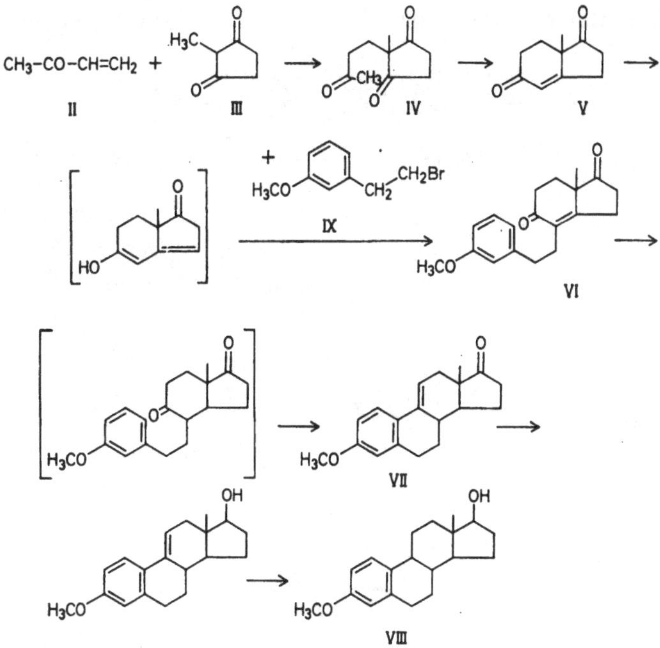

Abb. 47: Totalsynthese von raz. Östradiol-3-methyläther
($D \rightarrow CD \rightarrow ACD \rightarrow ABCD$)

reduziert und dann nach Birch in flüssigem Ammoniak in Gegenwart von Kalium in den raz. Östradiol-3-methyläther (*VIII*) überführt wird. Die Gesamtausbeute an *VIII* bezogen auf Diäthylaminobutanon beträgt 1,5 bis 2%.

Variante $A \to AD \to ABCD$

Das Syntheseschema

$$A \to AD \to ABCD$$

wurde ebenfalls von HUGHES und SMITH publiziert (Abb. 48).

m-Nitrobenzaldehyd (*I*) wird mit $SnCl_2$ in m-Aminobenzaldehyd überführt, der dann nach SANDMEYER in

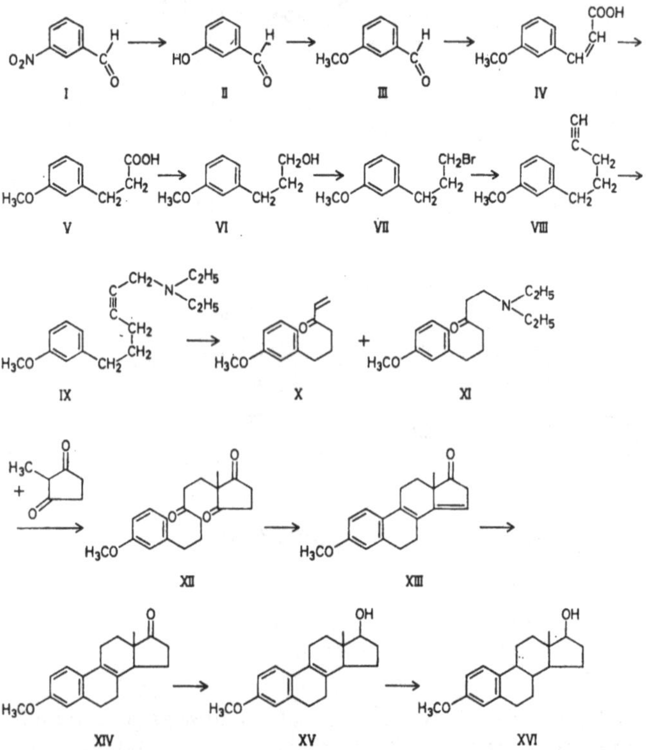

Abb. 48: Totalsynthese von raz. Östradiol-3-methyläther nach HUGHES und SMITH ($A \to AD \to ABCD$)

den m-Hydroxybenzaldehyd (*II*) umgewandelt wird. Nach der Methylierung von *II* mit Dimethylsulfat erfolgt die Umsetzung des m-Methoxybenzaldehyds (*III*) mit Malonsäure unter Bildung der m-Methoxyzimtsäure (*IV*), die katalytisch hydriert und anschließend mit $LiAlH_4$ zum m-Methoxyphenylpropanol (*VI*) reduziert wird. Die alkoholische Gruppe bromiert man mit PBr_3 und überführt das entstandene m-Methoxyphenylpropylbromid (*VII*) in flüssigem Ammoniak mit Natriumazetylid in m-Methoxyphenylpentin-1 (*VIII*). Mit Formaldehyd und Diäthylamin bildet *VIII* in Gegenwart von CuCl 1-Diäthylamino-m-methoxy-phenylhexin-2 (*IX*). Damit ist bereits der Ring B und ein Teil des Ringes C vorgebildet, nämlich die C-Atome 6, 7, 8, 9, 11 und 12 nach der Steroid-Nomenklatur. Durch Behandlung von *IX* mit Quecksilbersulfat und Schwefelsäure bei 75° entsteht ein Ketongemisch (*X* und *XI*), das nunmehr mit 2-Methylzyklopentandion-1,3 zur Verbindung *XII* umgesetzt wird. Die Zyklisierung zum raz. 3-Methoxy-1,3,5(10),8,14-östrapentaen-17-on (*XIII*) geschieht mit p-Toluolsulfonsäure in Benzol. Anschließend wird die 14-Doppelbindung weitgehend stereoselektiv katalytisch hydriert und nach Reduktion der 17-Karbonylgruppe die 8-Doppelbindung nach Birch zum raz. Östradiol-3-methyläther (*XVI*) reduziert. Die Ausbeute an *XVI* beträgt ca. 4,5% berechnet auf m-Nitrobenzaldehyd. Bei dieser Verfahrensweise wird das relativ kostenaufwendige 2-Methylzyklopentandion-1,3 erst am Ende des Verfahrens eingesetzt.

Variante *BC* → *BCD* → *ABCD*

Ein interessantes Syntheseschema nach einem allerdings weitgehend linearen Prinzip veröffentlichte die französische Schule um L. Velluz (Abb. 49).

Bei dieser Synthese, bei der die Ringe *B* und *C* bereits vorgebildet sind, beginnt man nach der Methylierung des β-Naphthols zum β-Methoxynaphthalin (*II*) mit einer

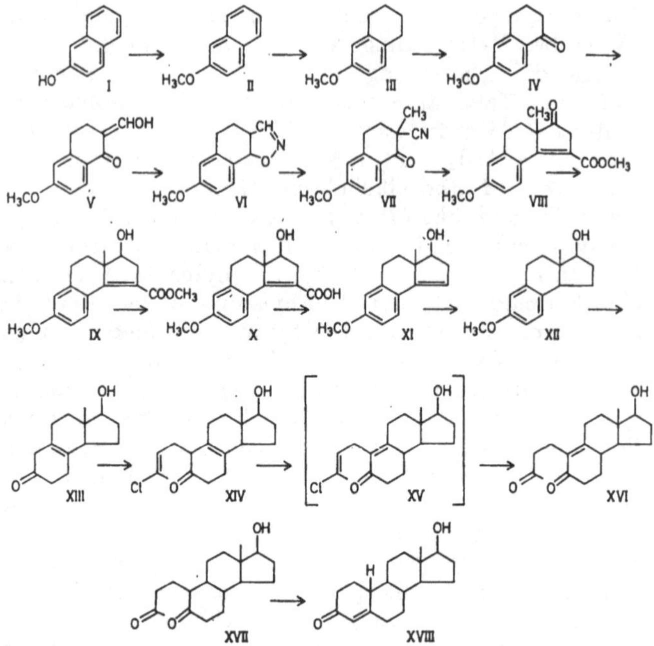

Abb. 49: Totalsynthese von 19-nor-Testosteron nach VELLUZ

katalytischen Druckhydrierung. Man oxydiert anschließend das bei der Hydrierung entstandene 6-Methoxytetralin (*III*) mit Chromsäure in essigsaurer Lösung zum 6-Methoxytetralon-1 (*IV*), kondensiert in Gegenwart von Natriumäthylat mit Ameisensäureäthylester und erhält 2-Hydroxymethylen-6-methoxytetralon-1 (*V*). Durch Umsetzung von *V* mit Hydroxylamin,HCl erhält man 6-Methoxy-3,4-dihydronaphth-(2,1d)-isoxazol (*VI*), das mit CH_3J zum 2-Methyl-2-zyano-6-methoxytetralon (*VII*) methyliert wird. Durch Ankondensation von Bernsteinsäuremethylester mit Kalium-tert. butoxid als Katalysator erhält man die Verbindung *VIII* und damit die kompletten Ringe *BCD*, von denen lediglich die Karbonsäuregruppe am C-Atom 3 (nach Steroid-Nomenklatur C-Atom 15) entfernt werden muß. Man reduziert zunächst die 1-Keto-gruppe mit $NaBH_4$ zum 1β-Hydroxy-8-methyl-4,5-(4'-methoxybenzo)-3(9)-hydrinden-3-karbonsäuremethylester (*IX*), der in der nächsten Stufe zur freien Säure verseift und dann durch Erhitzen auf 220 bis 230 °C dekarboxyliert wird. Es entsteht 1β-Hydroxy-8-methyl-4,5-(4-methoxybenzo)-3(9)-hydrinden (*XI*). Die isolierte Doppelbindung wird katalytisch unter Bildung des entsprechenden Hydrindans hydriert. Den aromatischen Ring reduziert man nach Birch. Es bildet sich dabei Verbindung *XIII*. Nun beginnt der Aufbau des Ringes *A* durch Umsetzung von *XIII* mit 1,3-Dichlorbuten-2 zu Verbindung *XIV*. Durch Behandlung von *XIV* mit Schwefelsäure bildet sich 4,5-Seco-9-androsten-17β-ol-3,5-dion (*XVI*). Es schließen sich eine katalytische Hydrierung und die Zyklisierung zum 19-nor-Testosteron (*XVIII*) an. Diese Synthese hat den Vorteil, daß mit der Karbonsäure *X* eine Razemattrennung mit Chloramphenicolbase durchgeführt werden kann, so daß das gebildete 19-nor-Testosteron bereits in optisch aktiver Form vorliegt. Die Gesamtausbeute an 19-nor-Testosteron bezogen auf β-Naphthol beträgt ca. 4%.

Die Verbindung *XVI* ist auch nach einem anderen ebenfalls von Velluz publizierten Verfahren zugänglich (Abb. 50). Bei dieser Synthese spielt das 2-Methylzyklopentandion-1,3 (*II*) eine wichtige Rolle. Es wird mit 5-Keto-6-heptensäuremethylester (*I*) zum raz. 1,5-Diketo-7a-methyl-5,6,7,7a-tetrahydroindan-4-yl-propionsäuremethylester (*III*) kondensiert, der nach Verseifen der Estergruppe über die Ephedrinsalze in die optischen Antipoden gespalten wird. Die in Benzol schwerer lösliche Verbindung ist das Ephedrinsalz der rechtsdrehenden Säure, die der natürlichen Reihe angehört. Nach erfolgter Razemattrennung wird die Ketogruppe in 1-Stellung mit $NaBH_4$ reduziert und die Doppelbindung am Kohlenstoffatom 4 stereospezifisch mit Wasserstoff katalytisch hydriert. Sowohl durch den Einfluß der 1β-

Hydroxylgruppe als auch durch den 4-ständigen Propionsäurerest wird vorwiegend die trans-Hydrindanstruktur erhalten. Durch Laktamisierung von d-1β-Hydroxy-5-keto-7a-methyl-4a,4,5,6,7,7a-hexahydroindan-4-yl-propionsäure (*IV*) erhält man das Lakton *V*, das mit dem Grignard-Reagenz von 1-Brom-4,4-dioxyäthylen-pentan (*VI*) die Verbindung *VII* ergibt, die der Verbindung *XVI* der Abb. 49 entspricht.

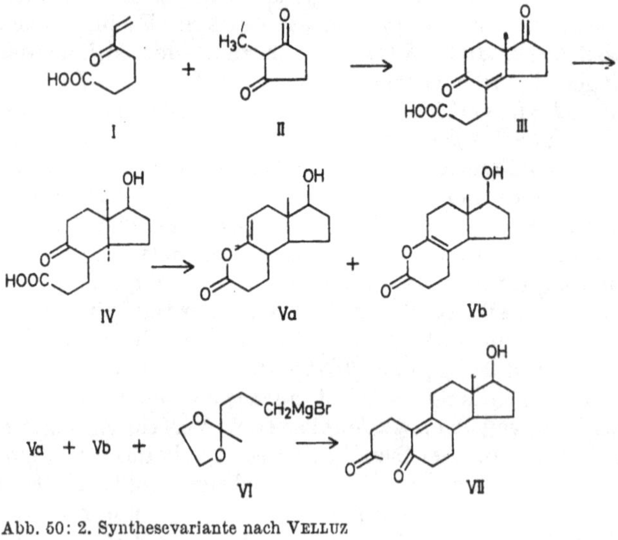

Abb. 50: 2. Synthesevariante nach VELLUZ

Diese Synthese zeichnet sich durch folgende Vorzüge aus:

1. Die Karboxylgruppe der Verbindung *III* erlaubt eine frühzeitige Razemattrennung
2. Das Syntheseschema erfüllt mit der Darstellung der Laktone *Va* und *Vb* aus dem Ketoheptensäureester *I* und dem Dion *II* und dem sich anschließenden Aufbau des *A*- und *B*-Ringes weitgehend die Forderung nach Konvergenz.

Variante $AB \rightarrow ABD \rightarrow ABCD$

Der Aufbau des Steroidgrundgerüstes aus den Ringen *AB*, der Angliederung des Ringes *D* und der sich anschließenden Zyklisierung zum kompletten Steranderivat wurde unabhängig voneinander von WINDHOLZ und TORGOV bearbeitet (Abb. 51).

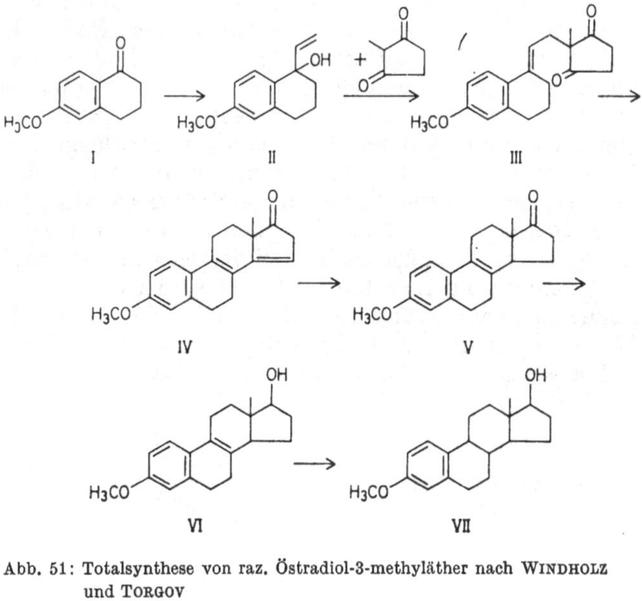

Abb. 51: Totalsynthese von raz. Östradiol-3-methyläther nach WINDHOLZ und TORGOV

6-Methoxytetralon-1 (*I*), dessen Herstellung aus β-Naphthol bereits beschrieben wurde, wird nach GRIGNARD mit Vinylmagnesiumhalogenid in Tetrahydrofuran umgesetzt. Das dabei entstandene Vinylkarbinol (*II*) wird entsprechend einer MICHAEL-Reaktion mit 2-Methylzyklopentandion-1,3 in 3-Methoxy-8,14-seco-1,3,5(10),9(11)-östratetraen-14,17-dion (*III*) überführt. Einer Zyklisierung in saurer Lösung zum bereits beschriebenen raz. 3-Methoxy-1,3,5(10),8,14-östrapentaen-17-on (*IV*) folgen Hydrierung, Reduktion mit $NaBH_4$ und Birch-Reduktion. Die Gesamtausbeute an raz. *VII* beträgt 8% bezogen auf β-Naphthol.

Synthese von 2-Methylzyklopentandion-1,3

In drei der zuvor beschriebenen vier Synthesevarianten spielt 2-Methylzyklopentandion-1,3 als Molekülbaustein des Sterangrundgerüstes eine bedeutende Rolle. Es liefert die Kohlenstoffatome 13—18, d. h. den fünfgliedrigen Ring *D* und die anguläre Methylgruppe des Östran- bzw. auch des Androstangerüstes. Die Darstellungsmethoden dieser Verbindung waren lange Zeit kostenaufwendig und erforderten auch einen hohen technischen Aufwand. Panouse und Sannié entwickelten eine Synthese aus Methyläthylketon und Oxalsäurediäthylester, die zunächst in zwei Stufen zum 2-Methylzyklopentantrion-1,3,4 führte. Dieses wird nach Wolff-Kishner zum gewünschten Dion reduziert (Abb. 52). Bucourt stellte 2-Methylzyklopentandion-1,3 durch Zyklisierung des β-Propionylbernsteinsäureesters und

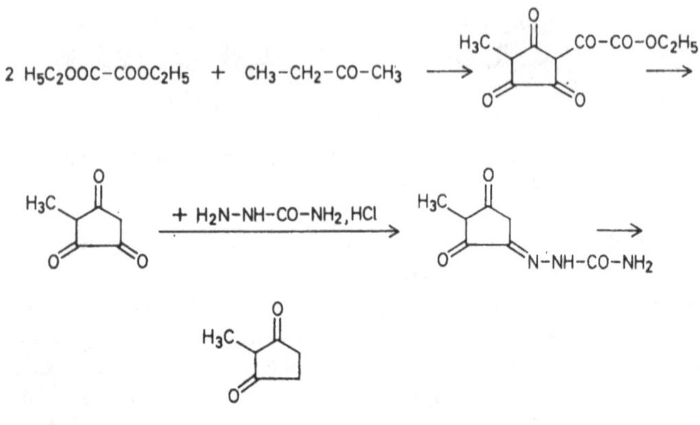

Abb. 52: Synthese von 2-Methylzyklopentandion-1,3 nach Panouse und Sannié

anschließender Dekarboxylierung her (Abb. 53). Eine wesentliche Vereinfachung erfuhr die Darstellung dieser wichtigen Zwischenverbindung durch eine von SCHICK, LEHMANN und HILGETAG beschriebene Verfahrensweise,

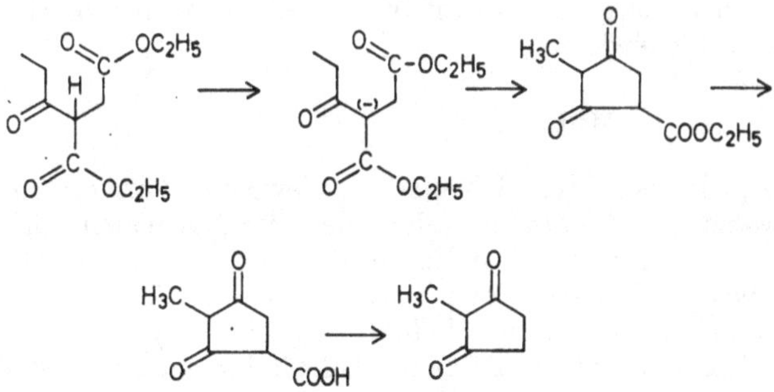

Abb. 53: Synthese von 2-Methylzyklopentandion-1,3 nach BUCOURT und PIERDET

bei der unter FRIEDEL-CRAFTS-Bedingungen in einer Reaktionsstufe durch Kondensation von Bernsteinsäuredichlorid mit Propionsäure 2-Methylzyklopentandion-1,3 erhalten wird (Abb. 54).

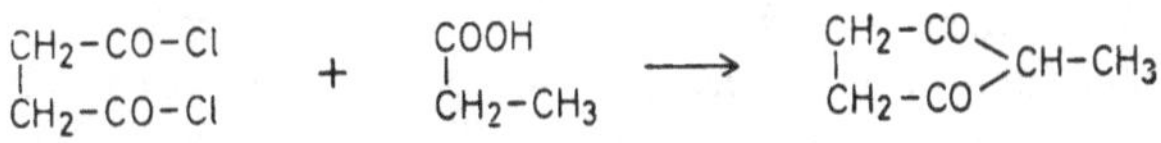

Abb. 54: Synthese von 2-Methylzyklopentandion-1,3 nach SCHICK, LEHMANN und HILGETAG

4.2.4. *Methoden zur Herstellung optisch aktiver Verbindungen*

Bei den beschriebenen Totalsynthesen wird eine Trennung der zwangsläufig anfallenden razemischen Verbindungen entweder möglichst weit vorn im Syntheseweg oder mit dem Endprodukt durchgeführt. Aus ökonomischen Gründen ist die erste Methode die anzustrebende. Weitaus günstiger als die Trennung eines Razemats ist die Anwendung asymmetrischer Syntheseprinzipien, bei denen kein Razemat, sondern eine optisch aktive Form entsteht. Auf diese Methode wurde bereits früher hingewiesen.

Chemische Methoden

Die in der Steroidchemie zur Razemattrennung angewandten chemischen Methoden unterscheiden sich nicht von den üblichen Verfahren der präparativen Organischen Chemie. Optisch aktive Basen (Chinin, Cinchonin) oder Säuren (Weinsäure, Menthoxyessigsäure) werden mit geeigneten Steroidverbindungen umgesetzt und die diastereomeren Salzpaare durch fraktionierte Kristallisation getrennt. So kann man beispielsweise alkoholische Gruppierungen razemischer Steroide mit optisch aktiven Säuren verestern, anschließend trennen und die Enantiomeren verseifen. Sind Karboxylgruppen vorhanden, so verwendet man optische aktive Basen.

Bucourt und Mitarbeiter erhielten D-3-Methoxy-1,3,5(10),8,14-östrapentaen-17-on durch Kondensation von 3-Methoxy-8,14-seco-1,3,5(10),9(11)-östratetraen-14,17-dion mit dem Hydrazid der L-Tartramidsäure, nachfolgender Zyklisierung und Hydrolyse des als Zwischenprodukt auftretenden „Tartramazons". Auf diese Weise konnte eine razemische Verbindung mit einer Ausbeute von 75% in eine optisch aktive Verbindung durch Anwendung einer chemischen Methode überführt werden (Abb. 55).

Grundlage dieser interessanten Trennmethode ist die leichte Kristallisationstendenz des einen Monotartramazons, das die Konfiguration der natürlichen Steroide besitzt und deshalb aus dem Diastereomerengemisch der Monotartramazone als schwer lösliche Verbindung abgeschieden werden kann.

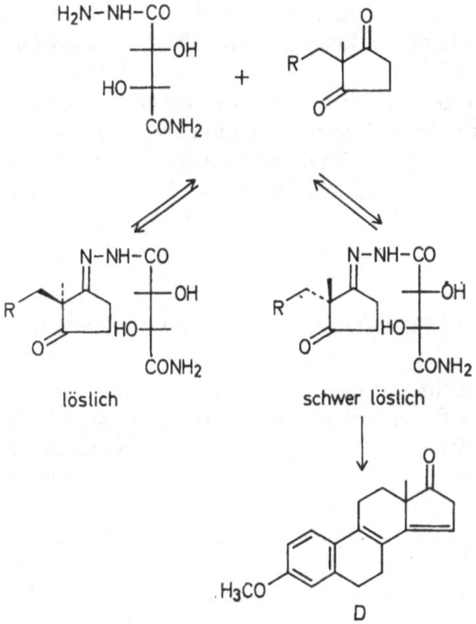

Abb. 55: Trennmethode nach BUCOURT

Biologische Methoden

Biologische Methoden haben die Razemattrennung und die asymmetrische Synthese von Zwischen- und Endprodukten der Steroidtotalsynthese stark beeinflußt.

Mit Hilfe von Preßhefen gelang die Reduktion der 17-Keto-gruppe des raz. Östrons (Abb. 23). Das dabei entstehende Gemisch von L-Östron und D-Östradiol kann mit Hilfe einfacher chemischer Methoden getrennt werden. Eine analoge Reaktion wurde beim raz. 4-Androsten-3,17-dion beschrieben. Hierbei entstehen D-Testosteron und L-4-Androsten-3,17-dion. Auch der umgekehrte Weg, die mikrobiologische Oxydation der Hydroxylgruppe am Kohlenstoffatom 17 der natürlichen Komponente eines Razemats mit *Streptomyces albus* wurde bereits publiziert.

1966 veröffentlichten — wie bereits beschrieben — GIBIAN und Mitarbeiter eine mikrobiologische Synthese, die die Bildung von Razematen ausschließt und die Synthese von natürlichem Material in hohen Ausbeuten gestattet (Abb. 24).

4.2.5. Einführung der Alkylgruppe am C-Atom 10

Die Einführung der Methylgruppe am C-Atom 10 ist neben dem Seitenkettenaufbau am C-Atom 17 ein wichtiger Schritt zur Totalsynthese von Kortikoiden. Ein aussichtsreiches Verfahren beschrieben BERNDT und WIECHERT. Ausgangsbasis bildet das totalsynthetisch leicht zugängliche 5(10)-En-3-keto-system. Die 3-Keto-Gruppe wird mit hochaktivem RANEY-Nickel als Katalysator mit Wasserstoff bei einem Druck von 200 Atm. zur 3β-OH-Gruppe hydriert. Nach SIMMONS-SMITH erfolgt die Einführung einer CH_2-Gruppe zwischen die C-Atome 5 und 10. Es folgen JONES-Oxydation mit Chromsäure in Azeton sowie Behandlung mit konz. Salzsäure in Eisessig (Abb. 56).

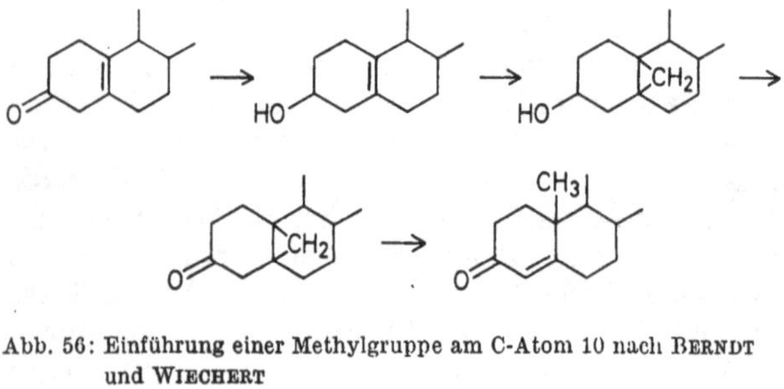

Abb. 56: Einführung einer Methylgruppe am C-Atom 10 nach BERNDT und WIECHERT

4.2.6. Synthese neuer Strukturtypen

Die Entwicklung der Totalsynthese eröffnet völlig neue Aspekte zur Herstellung interessanter Strukturtypen, die sich erheblich von natürlich vorkommenden Verbindungen unterscheiden. Wie bereits beschrieben wurde, ist die Synthese enantiomerer Steroide, das sind Verbindungen mit unnatürlicher Konfiguration, möglich. Durch Veränderung des Alkylsubstituenten am 2-Methyl-zyklopentandion-1,3 können ebenfalls neue Verbindungen erhalten werden. Die Abwandlung von Zwischenprodukten der von VELLUZ und NOMINÉ entwickelten Totalsynthese führte beispielsweise zu Verbindungen mit einem konjugierten Doppelbindungssystem. Diese Substanzen besitzen eine hohe anabole Wirksamkeit (Abb. 57).

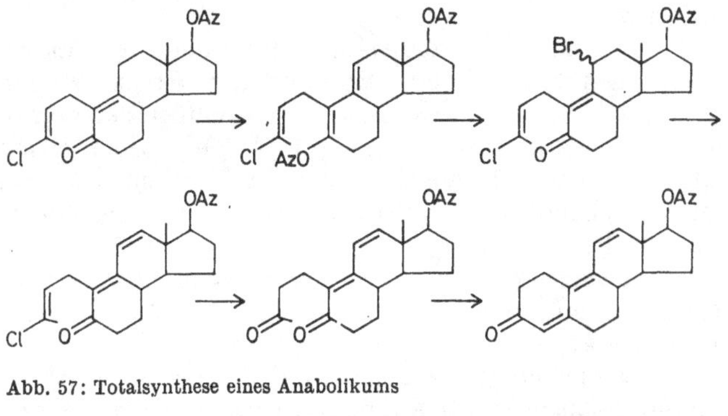

Abb. 57: Totalsynthese eines Anabolikums

Diese Beispiele mögen genügen, um aufzuzeigen, welche potentiellen Möglichkeiten die Totalsynthese zur Bildung absolut neuer Strukturtypen bietet.

5. Anwendung

5.1. Anwendung in der Human-Medizin)*

Zahlreiche physiologisch aktive Steroidverbindungen haben nach langwieriger pharmakologischer und klinischer Erprobung als Arzneimittel Eingang in die Therapie gefunden.

Die Steroidhormone hatten zunächst lediglich in der Substitutionstherapie Bedeutung. Anfang der 50er Jahre erkannte man, daß die Glukokortikoide neben ihrer Hormonwirkung antiphlogistische Eigenschaften besitzen. Durch Veränderungen der Struktur spezieller Steroidmoleküle wurden neue Verbindungen mit der Zielsetzung synthetisiert, die hormonale Wirkung zugunsten der antiphlogistischen „Nebenwirkung" zurückzudrängen.

Weitere Beispiele können aus der Reihe der Androgene angeführt werden. Hier wurden Strukturtypen entwickelt, bei denen die anabole gegenüber der androgenen Wirkung stark überwiegt. Diese Verbindungen gehören zur Stoffklasse der Anabolika und spielen u. a. bei der Behandlung von Eiweißmangelerscheinungen eine große Rolle.

In jüngster Zeit haben hochwirksame synthetische Sexualhormone eine enorme Bedeutung als Kontrazeptiva erlangt.

Oral wirksame Progestagene und Östrogene, meist als Kombinationspräparat appliziert, gewähren bei niedrigster Dosierung einen sicheren Empfängnisschutz und sind Hilfsmittel bei der Durchsetzung der Familienplanung in vielen Ländern.

Der Abb. 58 kann man die wichtigsten Gruppen der Steroid-Pharmaka entnehmen.

---

*) [21–28]

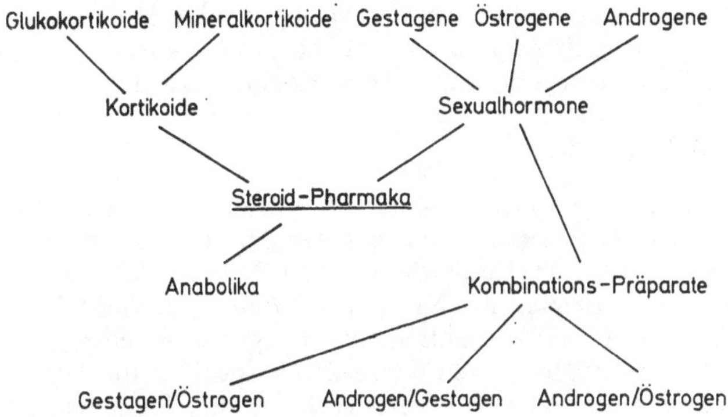

Abb. 58: Einteilung der Steroid-Pharmaka

5.1.1. Kortikoide

ADDISON erkannte 1855, daß pathologische Veränderungen der Nebenniere zu einer heute nach ihm benannten Krankheit (Morbus Addison) führen. Mit Nebennierenextrakten gelang es, ADDISON-Patienten symptomfrei zu halten. Die Reindarstellung und Konstitutionsaufklärung der ca. 30 in der Nebenniere vorkommenden Steroide erfolgte im wesentlichen durch Arbeiten von REICHSTEIN, KENDALL und WINTERSTEINER. Man unterteilt die Nebennierenrindenhormone in Gluko- und Mineralkortikoide.

Glukokortikoide

Allgemeines

Glukokortikoide beeinflussen primär den Kohlenhydrat-, weniger den Mineralstoffwechsel. Bei hormonell bedingter Nebennierenrinden-Insuffizienz beobachtet man Adynamie, Appetitlosigkeit, Gewichtsverlust, Blutdruckabfall und Anfälligkeit des Organismus gegen Beanspruchungen, Herabsetzung des NaCl- und $NaHCO_3$-Gehalt des Blutes, Hypoglykämie, Abbau des Glykogenvorrates der Leber sowie verminderte Stickstoff-Ausscheidung.

Indikationen

Glukokortikoide werden in der Substitutionstherapie und in der pharmakodynamischen Therapie angewandt. Die wichtigsten Indikationen sind Morbus Addison als primäre chronische NNR-Insuffizienz, Addison-Krise als akute *NNR*-Insuffizienz, kongenitale chronische *NNR*-Insuffizienz, sekundäre *NNR*-Insuffizienz, lebensbedrohliches Asthma, Schockbehandlung, Transfusionszwischenfälle, QUINCKEsches Ödem, schwere allergische Ekzeme, Arzneimittelallergie, schwere Agranulozytose, erworbene hämolytische Anämie, schwere Verbrennungen, Verätzungen, schwerer akuter Rheumatismus, allergische und entzündliche Augenerkrankungen.

Darüberhinaus finden Glukokortikoide bei allen Krankheiten Anwendung, bei denen man eine mesenchymale Gewebsreaktion — Entzündung, Exsudation, Proliferation — unterdrücken will.

Dosierung

Für die Dosierung von Glukokortikoiden gilt generell, daß man mit einer hohen Anfangsdosis die Behandlung einleitet. Im weiteren Verlauf der Behandlung genügen niedrigere Erhaltungsdosen bei schrittweiser Reduzierung der Anfangsdosis, wobei ein plötzliches Absetzen der Medikation vermieden werden sollte. Für das Glukokortikoid Prednison werden als tägliche Anfangsdosen 20—60 mg empfohlen. Die tägliche Erhaltungsdosis liegt dann bei 5—20 mg.

Nebenwirkungen

Bei einzelnen Patienten findet man Zeichen einer Natrium- und Wasser-Retention und vermehrte Kalium-

und Kalzium-Ausscheidung. Es treten unter Umständen auch Hyperglykämie, Glykosurie, Blutdrucksteigerung, Fettansatz, Euphorie und psychische Veränderungen auf.

Die genannten Symptome zeigen sich im allgemeinen nur bei längerer Behandlung mit extrem hohen Dosen.

Kontraindikationen

Als kontraindiziert gilt die Verwendung von Glukokortikoiden bei Magen- und Duodenalgeschwüren, beim Cushing-Syndrom, Osteoporose, Psychosen und frischen Frakturen. Relative Kontraindikationen sind akute und chronische Infektionskrankheiten sowie der Beginn einer Gravidität. Die Anwendung bei Diabetikern erfordert besondere Vorsicht.

Strukturtypen

In Tabelle 19 sind die wichtigsten Wirkstoffe der im Handel befindlichen Glukokortikoide (WHO-Bezeichnung) zusammengestellt. Ihnen gemeinsam ist die Pregnan-Grundstruktur mit einer 4-En-3-keto-Gruppierung und einer Sauerstoffunktion am C-Atom 11. Die synthetischen Verbindungen haben zusätzlich zu den genuinen Hormonen Kortison und Hydrokortison eine Doppelbindung zwischen den Kohlenstoffatomen 1 und 2 sowie weitere Substituenten vorzugsweise an den C-Atomen 6, 9 und 16.

Sie unterscheiden sich wie folgt in ihrem Wirkungsverhältnis:

Prednison	1	Prednyliden	0,84
Prednisolon	1	Paramethason	2,5
Fluocortolon	1	Dexamethason	7
Triamzinolon	1,3-	Betamethason	10
Methylprednisolon	1,3		

Tabelle 19: *Genuine und synthetische Glukokortikoide*

Grundgerüst

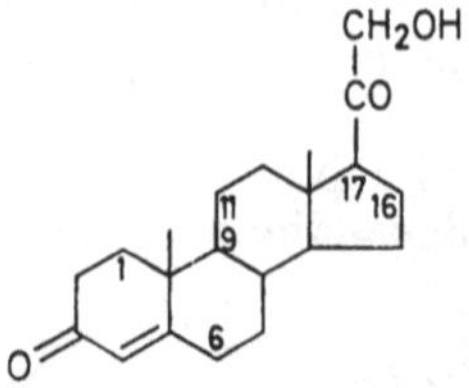

WHO-Bezeichnung	Zusätzliche Substituenten an den C-Atomen 1	6	9	11	16	17
Betamethason	Δ		---F	$-$OH	$-$CH$_3$	---OH
Chloroprednison	Δ	---Cl		=O		---OH
Dexamethason	Δ		---F	$-$OH	---CH$_3$	---OH
Dichlorison	Δ		---Cl	$-$Cl		---OH
Fludrokortison			---F	$-$OH		---OH
Fludroxykortid		---F		$-$OH	azetonid	
Flumethason	Δ	---F	---F	$-$OH	---CH$_3$	---OH
Flunisolid	Δ	---F		$-$OH	azetonid	
Fluokortolon	Δ		---F	$-$OH	---CH$_3$	
Fluozinolon	Δ	---F	---F	$-$OH	azetonid	
Fluprednisolon	Δ	---F		$-$OH		---OH
Hydrokortison				$-$OH		---OH
Kortison				=O		---OH
Meprednison	Δ			=O	$-$CH$_3$	---OH
Methylprednisolon	Δ	---CH$_3$		$-$OH		---OH
Paramethason	Δ	---F		$-$OH	---CH$_3$	---OH
Prednisolon	Δ			$-$OH		---OH
Prednison	Δ			=O		---OH
Prednyliden	Δ			$-$OH	=CH$_2$	---OH
Triamzinolon	Δ		---F	$-$OH	---OH	---OH

Mineralkortikoide

Allgemeines

Mineralkortikoide verursachen eine Retention von Natrium-Ionen, Chlorid-Ionen und Wasser bei gleichzeitiger Steigerung der Kaliumdiurese. Bei einer *NNR*-Insuffizienz erfolgt eine zu geringe Rückresorption von

Natrium-Ionen und Wasser, und die Ausscheidung von Kalium-Ionen ist stark zurückgedrängt. Als Folgeerscheinung tritt eine Eindickung des Blutes auf. Es kommt zu einer Hypotonie, Adynamie, Hypoglykämie und Braunfärbung der Haut in Verbindung mit Abmagerung, Durchfällen und Erbrechen. Infolge mangelhafter Nierendurchblutung wird der Reststickstoff erhöht.

Indikationen

Mineralkortikoide werden in erster Linie in der Substitutionstherapie angewandt (Morbus Addison) und als Zusatztherapie bei Intoxikationen, Ulcus ventriculi et duodeni, Verbrennungen, Schock- und Krampfbehandlungen sowie Infektionskrankheiten.

Dosierung

In der Therapie wird als Mineralkortikoid vorzugsweise das Azetat des Desoxykortikosterons (WHO-Bezeichnung: Desoxykorton) eingesetzt. Bei einer *NNR*-Insuffizienz gibt man zunächst 10—50 mg Desoxykortonazetat als Kristallsuspension intramuskulär und anschließend 5—10 mg Desoxykortonazetat in öliger Lösung. Für die Erhaltungsbehandlung werden Depotpräparate (Desoxykortonönanthat) in öliger Lösung oder als Implantat empfohlen. Von den Implantationspräparaten werden täglich ca. 0,5 mg resorbiert.

Nebenwirkungen

Nebenwirkungen werden im allgemeinen nur bei Überdosierungen beobachtet. Dabei treten Ödeme auf, die durch Unterbrechung der Medikation vermieden werden können.

Kontraindikationen

Desoxykortonazetat ist bei allen Formen der Hypertonie kontraindiziert; ferner bei Herzinsuffizienz, bei Arteriosklerose, Nephritis, Nephrosen und Leberzirrhose.

Strukturtypen

Von den Mineralkortikoidpräparaten sind lediglich die Ester des Desoxykortons (Azetat und Önanthat) erwähnenswert. Die Anwendung des genuinen Hormons Aldosteron steht noch in den Anfängen, obwohl dieses Präparat Vorteile gegenüber den Desoxykortonestern aufweist (Abb. 59).

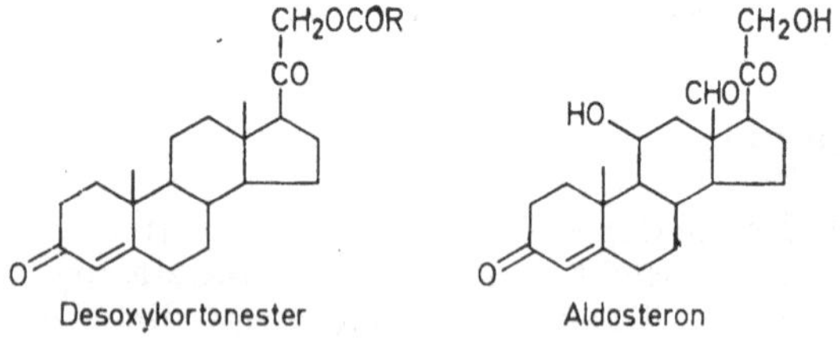

Abb. 59: Mineralkortikoide

5.1.2. *Sexualhormone*

Sexualhormone werden überwiegend in den geschlechtsspezifischen Keimdrüsen erzeugt und beeinflussen Entwicklung und Funktion der primären und sekundären Geschlechtsmerkmale. Man unterscheidet demzufolge männliche (Androgene) und weibliche (Östrogene und Gestagene) Sexualhormone. Neben den genuinen Steroidhormonen wurden in den zurückliegenden Jahren zahlreiche synthetische Hormone hergestellt, die sich insbesondere durch ihre hohe Wirksamkeit von den natürlichen Hormonen unterscheiden. Die Sekretion der Geschlechtshormone wird durch die Proteidhormone des Hypophysenvorderlappens angeregt.

Androgene

Allgemeines

Androgene sind sexualspezifische männliche Geschlechtshormone. Das am stärksten wirksame Androgen Testosteron wurde 1935 durch LAQUEUR aus Stierhoden isoliert. Die Aufklärung der Konstitution erfolgte durch Arbeiten von BUTENANDT und RUZICKA. Testosteron wird in den LEYDIG-Zellen des Hodens, aber auch in geringem Maße im Ovar und in den Nebennieren beider Geschlechter gebildet.

Die Bestimmung der androgenen Wirkung erfolgt im Kapaunenkammtest. Als Kapaunenkammeinheit bezeichnet man die Menge einer Substanz, die eine Vergrößerung des Kammes um 20% bewirkt. Bei Frauen rufen Androgene nach hoher Dosierung eine Virilisierung hervor.

Testosteron wird in Form seiner Ester als Injektionspräparat appliziert. Oral wirksame Androgene sind Methyltestosteron und Mesterolon.

Man wendet Androgene bei akuten und chronischen Mangel- und Ausfallerscheinungen sowie bei Unterfunktion der männlichen Keimdrüsen oder deren Ausfall an. Endokrine Störungen werden in der Gynäkologie, der Geriatrie und der Neurologie mit Androgenen behandelt.

Indikationen

Androgene sind indiziert bei Ausfallerscheinungen nach Kastration, Hypogenitalismus, hormonal bedingter Impotenz, Klimakterium virile, Prostatahypertrophie, Mamma-Karzinom, Endometriose und peripheren Durchblutungsstörungen.

Dosierung

Das nachfolgende Beispiel für ein Dosierungsschema bezieht sich auf Testosteronpropionat.

Bei Ausfallerscheinungen nach

Kastration	10—25 mg täglich
Hypogenitalismus	30—50 mg wöchentlich
Hormonal bedingte Impotenz	2mal 25 mg wöchentlich
Periphere Durchblutungsstörungen	
zu Beginn	10—25 mg täglich
später	10 mg 2- bis 3mal wöchentl. über 3—4 Wochen

Nebenwirkungen

Bei richtiger Anwendung sind im allgemeinen keine Nebenwirkungen zu erwarten.

Kontraindikationen

Beim Vorliegen eines Prostata-Karzinoms ist die Anwendung von Androgenen kontraindiziert.

Strukturtypen

Die wichtigsten Strukturen von Androgenen, die Bestandteil von Arzneimitteln sind, kann man der Abb. 60 entnehmen.

Östrogene

Allgemeines

Östrogene werden im GRAAFschen Follikel des Ovars und im Gelbkörper, während der Schwangerschaft auch von der Plazenta gebildet. Man findet diese Verbindungen auch in den Keimdrüsen männlicher Tiere. Östrogene rufen die Brunst hervor. Man bestimmt sie biologisch mit Hilfe des ALLEN-DOISY-Tests durch Prüfung des

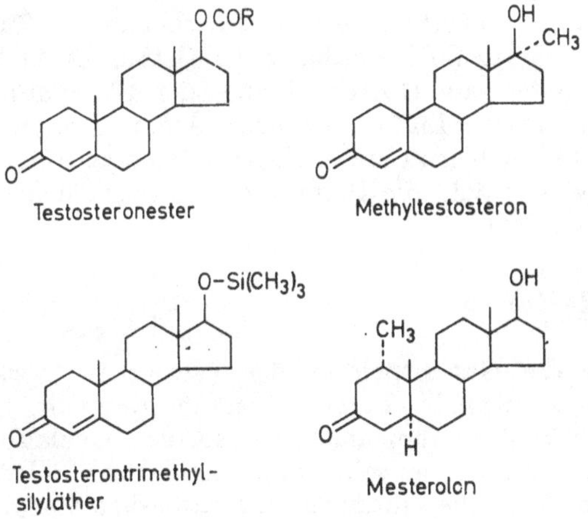

Abb. 60: Androgene

Schollenstadiums in der Scheide kastrierter Ratten oder Mäuse. Zu den natürlichen Östrogenen zählt man Östradiol, Östron und Östriol sowie das vorwiegend aus Stutenharn isolierbare Equilin und Equilenin.

In struktureller Hinsicht besitzen sämtliche Steroide mit östrogener Wirkung einen aromatischen Ring *A* mit einer phenolischen OH-Gruppe am C-Atom 3, die beim Mestranol veräthert ist. Östradiol und Östron wirken proliferativ auf die weiblichen Genitalorgane im Sinne einer Wachstumsförderung. Östriol dagegen entfaltet am Endometrium und an der Uterusmuskulatur fast keine wachstumsfördernde Wirkung und kann die proliferativen Effekte von Östradiol und Östron hemmen. Zwischen dem Östrogengehalt des Blutes und der Ausschüttung von follikelstimulierendem Hormon (FSH) durch den Hypophysenvorderlappen (HVL) besteht ein biologischer Regelmechanismus. Bei zunehmendem Östrogenspiegel wird eine Bremswirkung auf die FSH-Freisetzung ausgelöst. Die Unterdrückung der Gonadotropinausscheidung des HVL durch Applikation östrogener

Substanzen bewirkt eine Ovulationshemmung. Zur Verlängerung der Wirkungsdauer des Östradiols sind zahlreiche Ester (am C-Atom 3 und/oder 17) synthetisiert worden. Durch Einführung einer Äthinylgruppe am C-Atom 17 erhält man oral wirksame Präparate (Mestranol, Äthinylöstradiol), die Bestandteil der hormonellen Kontrazeptiva sind.

Indikationen

Für die Gesamtpalette der östrogenen Wirkstoffe kommen folgende Indikationen in Betracht: Endometritis post partum und post abortum, Ovulationsblutungen, primäre und sekundäre Amenorrhoe, Polymenorrhoe, funktionelle Blutungen, Laktationshemmung, Mammakarzinom, Infertilität, habitueller und drohender Abort sowie funktionelle Sterilität. Östriol als sogenanntes gebremstes Östrogen wird vorzugsweise im Klimakterium, meist wegen atrophischer und entzündlicher Veränderung der Vaginalschleimhaut und Schrumpfung der Vulva angewandt. Der Behandlung klimakterischer Ausfallerscheinungen mit Östriol und konjugierten Östrogenen wird in der Perspektive eine große Bedeutung zukommen.

Dosierung

Für die Dosierung der Östrogene sind zahlreiche Behandlungsschemata bekannt, die den Rahmen dieses Taschenbuches überschreiten würden. Es sei deshalb auf einschlägige Prospekte dieser Pharmaka sowie auf die Fachliteratur [26, 27] hingewiesen.

Nebenwirkungen

Bei parenteraler Anwendung der Östrogene muß in Abhängigkeit von der Dosierung mit Zwischenblutungen gerechnet werden. Bei oraler Applikation ist das Auftreten von Kopfschmerzen, erhöhter Wasserretention, Übelkeit und Erbrechen in Einzelfällen zu beobachten.

Strukturtypen

Die östrogen wirksamen Steroidverbindungen lassen sich in ihrer Struktur auf Östradiol zurückführen. In Tabelle 20 sind die wichtigsten als Pharmaka angewandten Östrogene zusammengestellt. Die bisher bekannten sog. konjugierten Östrogene, die ausschließlich

Tabelle 20: *Natürliche und synthetische Östrogene*

Grundgerüst

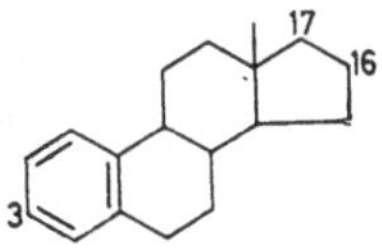

Bezeichnung	Substituenten an den C-Atomen 3	16	17
Äthinylöstradiol	$-OH$		$-OH$ $---C{\equiv}CH$
Mestranol	$-OCH_3$		$-OH$ $---C{\equiv}CH$
Methylöstradiol	$-OH$		$-OH$ $---CH_3$
Östradiol	$-OH$		$-OH$
Östradiolbenzoat	$-O-CO-C_6H_5$		$-OH$
Östradioldipropionat	$-O-CO-C_2H_5$		$-O-CO-C_2H_5$
Östradiolphenylpropionat	$-OH$		$-O-CO-(CH_2)_2-C_6H_5$
Östradiolstearinat	$-OH$		$-O-CO-C_{17}H_{35}$
Östradioltrimethylazetat	$-O-CO-C(CH_3)_3$		$-OH$
Östradiolundezylat	$-OH$		$-O-CO-C_{10}H_{21}$
Östradiol-n-valerianat	$-OH$		$-O-CO-C_4H_9$
Östradiolzyklopentyl-propionat	$-OH$		$-O-CO-(CH_2)_2-C_5H_9$
Östriol	$-OH$	$---OH$	$-OH$
Östriolzyklopentyläther	$-OC_5H_9$	$---OH$	$-OH$
Östron	$-OH$		$=O$
Quinöstrol	$-OC_5H_9$		$-OH$ $---C{\equiv}CH$

aus natürlichem Material gewonnen werden und in Form der Natrium-3-monosulfate vorliegen, leiten sich vom Equilenin ab. Präparate dieser Art, die sich vorzüglich zur Behandlung klimakterischer Beschwerden eignen, enthalten neben 40–60% Östron und 3–5% Östradiol im allgemeinen 15–30% Equilin, 10–20% α-Dihydroequilin, bis zu 15% Equilenin und α-Dihydroequilenin (Abb. 61).

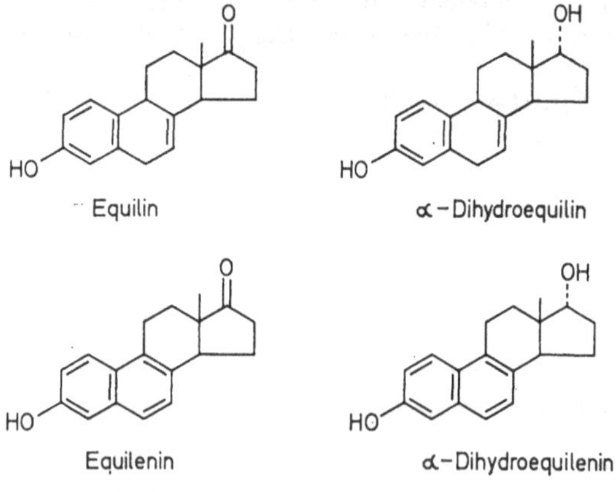

Abb. 61: Bestandteile konjugierter Östrogene

Gestagene

Allgemeines

Das natürliche körpereigene Gestagen ist Progesteron, das vorwiegend im Corpus luteum gebildet wird. In kleinen Mengen kommt es auch in den Nebennieren vor. Biologisch werden Gestagene nach CLAUBERG am infantilen Kaninchenuterus bestimmt. Sie sind dadurch definiert, das sie das durch Östrogene proliferierte Endometrium des Kaninchens in die sekretorische Phase transformieren. Die Produktion des Progesterons im

Organismus beginnt im Zyklus der Frau vor dem Follikelsprung, erreicht in der Corpus luteum-Phase ihren Höhepunkt und fällt vor der Menstruation zu sehr geringen Werten ab. Während der Schwangerschaft wird Progesteron in steigenden Mengen von der Plazenta produziert. Progesteron wird im Körper durch Abbau in der Leber schnell inaktiviert. Progesteron bewirkt u. a. die Einbettung und weitere Entwicklung des Eies im Uterus. Es verhindert während einer Schwangerschaft die Reifung neuer Follikel und regt den Aufbau der funktionellen Abschnitte der Milchdrüsen an. Ein Ausfall der Progesteronbildung führt zum Abort.

Indikationen

Gestagene finden u. a. bei Zyklusstörungen infolge Corpus-luteum-Insuffizienz, sekundärer Amenorrhoe, funktionellen Durchblutungen sowie bei habituellem Abort Anwendung.

Oral wirksame Gestagene sind Bestandteil hormonaler Kontrazeptiva.

Dosierung

Für die Behandlung mit Gestagenen sind je nach Indikation unterschiedliche Dosierungsschemata bekannt, die den entsprechenden Präparate-Prospekten sowie der Fachliteratur [25, 27] entnommen werden können.

Nebenwirkungen

Bei sachgemäßer Dosierung sind keine Nebenwirkungen bekannt geworden.

Strukturtypen

In Tabelle 21 sind die wichtigsten C_{21}-Steroide (Pregnanreihe) und in Tabelle 22 die wichtigsten C_{18}-Steroide

(19-nor-Steroide) mit progestagener Wirkung, die in speziellen Pharmaka eingesetzt werden, zusammengestellt. Aus den Tabellen geht weiterhin hervor, welche der angegebenen Verbindungen vorzugsweise parenteral bzw.

Tabelle 21: *Gestagene mit Pregnanstruktur*

Grundgerüst

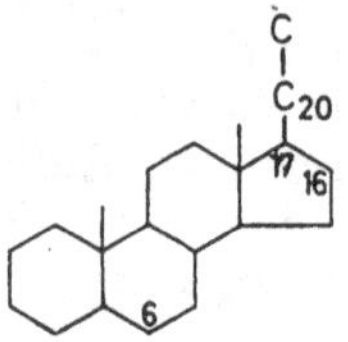

Bezeichnung	Zusätzliche Substituenten an den C-Atomen 6	16	17	20	Wirkung oral	parent.
Chlormadinonazetat	Δ $-Cl$		$\cdots OAz$	$=O$	+	
Hydroxyprogesteronazetat			$\cdots OAz$	$=O$	+	
Hydroxyprogesteron-kapronat			$\cdots O-CO-$ $-C_5H_{11}$	$=O$		+
Medrogeston	Δ $-CH_3$		$\cdots CH_3$	$=O$	+	
Medroxyprogesteronazetat	$\cdots CH_3$		$\cdots OAz$	$=O$	+	
Megestrolazetat	Δ $-CH_3$		$\cdots OAz$	$=O$	+	
Melengestrolazetat	$-CH_3$	$=CH_2$	$\cdots OAz$	$=O$	+	
16-Methylen-6-dehydro-17α-azetoxyprogesteron	Δ	$=CH_2$	$\cdots OAz$	$=O$	+	
Progesteron				$=O$		+
6α-Trifluormethyl-17α-azetoxyprogesteron	$\cdots CF_3$		$\cdots OAz$	$=O$	+	

oral appliziert werden. Die meisten der oral wirksamen Substanzen sind Bestandteil der im nächsten Abschnitt näher beschriebenen hormonellen Kontrazeptiva.

In Abb. 62 sind zwei Strukturbeispiele angegeben, deren Einordnung in Tabelle 21 bzw. 22 nicht möglich war, da bei beiden Verbindungen charakteristische Struktur-

Tabelle 22: *Gestagene mit Östranstruktur*

Grundgerüst

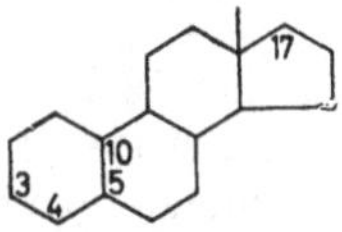

Bezeichnung	Zusätzliche Substituenten an den C-Atomen 3	4	5(10)	17
Allylöstrenol		Δ		–OH ---CH_2–CH=CH_2
Äthinodioldiazetat	–OAz	Δ		–OAz ---C≡CH
Äthinylöstrenol		Δ		–OH ---C≡CH
Noräthinodrel	=O		Δ	–OH ---C≡CH
Noräthisteron	=O	Δ		–OH ---C≡CH
Noräthisteronazetat	=O	Δ		–OAz ---C≡CH

unterschiede zu den tabellarisch erfaßten Substanzen vorliegen. Das Dydrogesteron gehört zu den sog. Retrosteroiden mit der Konfiguration 9β,10α. Das Norgestrel besitzt am C-Atom 13 statt einer Methyl- eine Äthylgruppe und ist selbst als Razemat das bei oraler Applikation am stärksten wirksame bisher bekannte Progestagen.

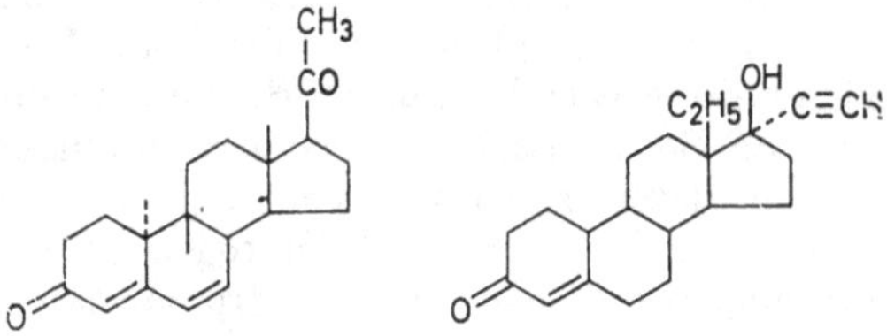

Dydrogesteron Norgestrel

Abb. 62: Synthetische Gestagene mit abweichender Struktur

Kombinationspräparate

Im Handel befinden sich die Kombinationen Progestagen/Östrogen, Androgen/Progestagen und Androgen/Östrogen. Die zuerst genannte Kombination hat in ihrer Anwendungsform als orale Kontrazeptiva die größte Bedeutung erlangt.

Kombination Progestagen/Östrogen

Kontrazeptiva [25]

Zum gegenwärtigen Zeitpunkt sind ca. 130 verschiedene Kontrazeptiva bekannt, die sich durch die Art ihrer Inhaltsstoffe und durch ihre Dosierung unterscheiden.

Allgemeines

Die temporäre Ovulationshemmung wurde bereits 1921 von Haberlandt erkannt, der durch Transplantation von Ovarien trächtiger Tiere auf geschlechtsreife Tiere der gleichen Art eine zeitlich begrenzte Sterilität der letzteren erreichte. Bickenbach und Massenbach wandten die Beobachtungen Haberlandts in der Klinik an, indem sie die Ovulation durch parenterale Progesteronbehandlung in hohen Dosen (300—1000 mg/die) unterdrückten. Das häufige Auftreten von Durchbruchsblutungen, bedingt durch diese hohe Dosierung, ließen eine weite Anwendung dieser Behandlungsmethode nicht zu. Die Beeinflussung der Gonadotropinausschüttung und die damit bewirkte Hemmung der Ovulation kann auch durch Östrogene und Androgene in bestimmten Dosierungen erfolgen. Jedoch treten dabei nicht unerhebliche Nebenwirkungen auf. Die Anwendung von Androgenen führt zu unerwünschten Virilisierungserscheinungen, während die Applikation von Östrogenen ohne gleichzeitige Zuführung von Gestagenen zu Endometriumshypoplasie und Dauerblutungen führt.

In den zurückliegenden Jahren wurden hoch wirksame Progestagene synthetisiert, die in der Leber nicht abgebaut werden und deshalb bei oraler Applikation voll wirksam sind. In Kombination mit einem oral wirksamen Östrogen werden Durchbruchsblutungen weitgehend verhindert. Eine menstruationsähnliche Abbruchblutung täuscht einen echten Zyklus vor.

Indikationen

Die wichtigste Indikation ist die bereits erwähnte Konzeptionsverhütung, die medizinisch begründet sein kann, aber auch eine Familienplanung ermöglicht. Weiterhin haben sich die Kontrazeptiva bei der Behandlung der Dysmenorrhoe, von Endometriosen und zyklusabhängiger Migräne bewährt. Ebenso können funktionelle Sterilität und Blutungsstörungen behandelt und eine Menstruationsverschiebung erreicht werden.

Dosierung

Es sind im Prinzip zwei Behandlungsschemata bekannt:

1. Einphasen-Ovulationshemmer und
2. Zweiphasen-Ovulationshemmer (Sequential-Therapie)

Unter Einphasen-Ovulationshemmern versteht man solche Präparate, bei denen während des ganzen Zyklus eine Progestagen/Östrogen-Kombination eingenommen wird. Es gibt Packungen mit 21, 22 und 28 Dragees. Letztere enthalten 7 Plazebos, sind aber dadurch sicherer in der Anwendung und schließen Einnahmefehler weitgehend aus. Man beginnt mit der Einnahme der Wirkstoffdragees am 5. Zyklustag und nimmt anschließend 12 bzw. 22 Tage täglich ein Dragee. Es folgt eine Pause von 7 Tagen (bei der 28er-Packung wird diese Pause durch

Einnahme der Plazebos überbrückt). Am 8. Tag wird die Einnahme fortgesetzt.

Die Zweiphasen-Ovulationshemmer enthalten pro Pakkung 14 bis 16 Östrogen-Dragees (Tag 5 bis 15 bzw. 16) und 5 bis 7 Progestagen/Östrogen-Dragees (Tag 16 bzw. 17 bis 21). Diese sog. Sequentialtherapie ermöglicht eine weitgehende Angleichung an die natürlichen Bedingungen innerhalb eines Menstruationszyklus und setzt die möglichen Nebenwirkungen herab.

Die Mengen der Inhaltsstoffe der Tabletten bzw. Dragees schwanken sowohl beim Einphasen- als auch beim Zweiphasen-Ovulationshemmer beim Progestagen zwischen 0,5 und 5 mg (früher auch 10 mg) und beim Östrogen zwischen 0,05 und 0,1 mg.

Nebenwirkungen

Zu Beginn der Therapie ist bei einem geringen Prozentsatz der Frauen mit Nausea, Gewichtszunahme, Kopfschmerzen und Spannung in den Brüsten zu rechnen. Im Verlauf der weiteren Behandlung gehen diese Erscheinungen zurück bzw. verschwinden völlig.

Kontraindikationen

Absolut: Mädchen unter 16 Jahren, Schwangerschaft, drohender Abort, hormonaktive Tumoren

Relativ: Leberzirrhose, Thrombose

Beispiele für Kontrazeptiva

In Tabelle 23 sind einige Beispiele für im Handel befindliche Kontrazeptiva zusammengestellt. Die Komponenten dieser Pharmaka wurden in den voranstehenden Abschnitten näher beschrieben.

Tabelle 23: *Beispiele für Kontrazeptiva*

Präparate-Bez.	Anzahl Dragees	Progestagen/Dragee	Östrogen/Dragee (*I* = Mestranol *II* = Äthinyl-östradiol)
Aconcen	21	3 mg Chlormadinonazetat	0,1 mg *I*
Anovlar 1 mg	20	1 mg Noräthisteronazetat	0,05 mg *II*
Anovlar 21	21	4 mg Noräthisteronazetat	0,05 mg *II*
Conluten	20	2 mg Noräthisteron	0,1 mg *I*
Conovid E	20	2,5 mg Noräthinodrel	0,1 mg *I*
C-Quens	15	2 mg Chlormadinonazetat	0,08 mg *I*
	5		0,08 mg *I*
Eugynon	21	0,5 mg Norgestrel	0,05 mg *II*
Eugynon 28	21	0,5 mg Norgestrel	0,05 mg *II*
	7	Plazebos	
Lyndiol	20	5 mg Lynestrenol	0,15 mg *I*
Lyndiol, 2,5	22	2,5 mg Lynestrenol	0,075 mg *I*
Non-Ovlon	21	1 mg Noräthisteronazetat	0,08 mg *I*
Ovosiston	21	2 mg Chlormadinonazetat	0,08 mg *I*
Ovulen	20	1 mg Äthinodioldiazetat	0,1 mg *I*
Volidan	20	4 mg Megestrolazetat	0,05 mg *II*

Weitere Anwendungsgebiete für Progestagen/Östrogen-Kombinationen

Progestagen/Östrogen-Präparate eignen sich weiterhin zur Frühdiagnose der Schwangerschaft und gleichzeitiger Unterscheidung von einer sekundären Amenorrhoe. Liegt eine Schwangerschaft vor, tritt keine Entzugsblutung nach Applikation auf wie bei einer sekundären Amenorrhoe. Tabelle 24 enthält bekannte Kombinationen. Die Dosierung der Ampullenpräparate schwankt beim Progestagen zwischen 12 und 20 mg und beim Östrogen zwischen 2 und 10 mg; bei den Tablettenpräparaten für das Progestagen zwischen 1 und 10 mg und beim Östrogen zwischen 0,01 und 0,1 mg/Tablette.

Kombination Androgen/Östrogen

Androgen/Östrogen-Kombinationen werden häufig noch zur Behandlung klimakterischer Beschwerden angewandt. Aufgrund zu erwartender Nebenwirkungen

Tabelle 24: *Bekannte Östrogen/Gestagen-Kombinationen zur Frühdiagnose der Schwangerschaft*

Östrogen	Gestagen	Handelsform
Östradiolbenzoat	Progesteron	Ampulle
Östradiolbenzoat	Hydroxyprogesteron-kapronat	Ampulle
Äthinylöstradiol	Äthisteron	Tablette
Äthinylöstradiol	Noräthisteronazetat	Tablette
Äthinylöstradiol	Chlormadinonazetat	Tablette
Mestranol	Chlormadinonazetat	Tablette
Mestranol	Äthinodioldiazetat	Tablette
Mestranol	Megestrolazetat	Tablette
Methylöstradiol	Methylöstrenolon	Tablette

durch die Androgen-Komponente (Virilisierungserscheinungen) wird die Therapie klimakterischer Beschwerden jetzt vorzugsweise mit gebremsten bzw. sog. „konjugierten" Östrogenen betrieben.

Würde man nur Östrogene für die Behandlung einsetzen, sind Entzugsblutungen und weitere unerwünschte Nebenwirkungen zu erwarten. Diese Nebenwirkungen werden durch den Androgenzusatz erheblich vermindert. Mitunter ist eine Steigerung der Libido zu bemerken. Tabelle 25 enthält einige wichtige Kombinationen.

Tabelle 25: *Bekannte Östrogen/Androgen-Kombinationen*

Östrogen	Androgen	Handelsform
Östradiolbenzoat	Testosteronpropionat	Ampulle
Östradiol-n-valerianat	Testosteronönanthat	Ampulle
Östradiolzyklopentyl-propionat	Testosteronzyklopen-tylpropionat	Ampulle
Äthinylöstradiol	Methyltestosteron	Tablette

Kombination Gestagen/Androgen

Durch die handelsüblichen Gestagen/Androgen-Kombinationspräparate können prämenstruelle Beschwerden gut beeinflußt werden. Auch die zyklusabhängige Migräne der Frau wird u. a. mit einer solchen Kombination behandelt. Als Kombination wählt man Progesteron und Testosteronpropionat (als Ampullenpräparat).

Anabolika

Allgemeines

Kochakian wies 1935 nach, daß das männliche Sexualhormon Testosteron neben seiner spezifischen androgenen auch eine anabole Wirkung besitzt. Unter anaboler Wirkung versteht man den Aufbau körpereigenen Eiweißes bzw. die Stimulation der Proteinsynthese. Testosteron ist als Anabolikum aufgrund seiner sexualspezifischen Wirkung wenig geeignet. Für Frauen und Kinder kommt es aus naheliegenden Gründen nicht in Betracht. Es wurden deshalb zahlreiche Verbindungen synthetisiert, mit der Zielsetzung, die androgene Wirkung herabzusetzen und die anabolen Effekte zu steigern. Als pharmakologische Methode wird am häufigsten der Hershberger-Test angewandt. Infantile kastrierte Rattenmännchen werden mit der zu testenden Substanz behandelt, und nach einem bestimmten Zeitraum wird die relative Gewichtszunahme des *Musculus levator ani* (anabole Wirkung) zur relativen Gewichtszunahme der Samenblase (androgene Wirkung) ins Verhältnis gesetzt.

Anabolika werden bei allen Erkrankungen angewandt, die mit einem vermehrten Eiweißumsatz bzw. -abbau einhergehen (Entzündungen, Geschwulsterkrankungen, Rekonvaleszenz). Bei verstärktem Knochenabbau wird bei anaboler Therapie vermehrt Knochengrundsubstanz gebildet.

Anabole Steroide stimulieren die endogene Proteinsynthese, bewirken eine aktive Regulierung der negativen Stickstoffbilanz und führen dadurch zu einer echten Substanzvermehrung und nicht zu einer Wasserretention im Gewebe. Anabolika nehmen auf den Krankheitsprozeß keinen Einfluß. Ihre Wirkungen sind symptomatisch.

Indikationen

Chirurgie:

Rekonvaleszenz nach schweren Operationen und Blutverlusten, Osteoporose, verzögerte Wundheilung und Verbrennungen

Innere Medizin:

Chronische Ernährungsstörungen, Magersucht, Kachexien, langdauernde Kortikosteroidtherapie, Leberzirrhose, chronische Hepatitis, Rekonvaleszenz nach schweren Infekten

Pädiatrie:

Wachstumsstörungen, Rachitis, Besserung des Allgemeinzustandes

Dosierung

Für die Dosierung der Anabolika gibt es keine einheitlichen Richtlinien, da der Therapieeffekt vom Ausmaß der Katabolie abhängt. Die Anwendung erfolgt intramuskulär und per os. Man beginnt im allgemeinen mit einer erhöhten Anfangsdosis und setzt die Behandlung mit reduzierten Erhaltungsdosen fort.

Nebenwirkungen

Für die Beurteilung eines Anabolikums sind die androgenen Nebenerscheinungen wesentlich. Sie machen sich bemerkbar durch Tieferwerden der Stimme, Bartwuchs und Libidosteigerung.

Kontraindikationen

Als Kontraindikation ist das Prostatakarzinom anzusehen. Gravide Patientinnen sollten ab 16. Schwangerschaftswoche nicht mehr mit Anabolika behandelt werden, da während dieser Zeit mit erhöhter Virilisierung gerechnet werden muß.

Strukturtypen

In den Tabellen 26 und 27 sind die wichtigsten unter einem Grundgerüst zusammenfaßbaren in Pharmaka eingesetzten Anabolika zusammengestellt. Abb. 63 faßt die in den Tabellen 26 und 27 nicht einzuordnenden Strukturen wichtiger Anabolika zusammen.

Tabelle 26: *Anabolika I*

Grundgerüst

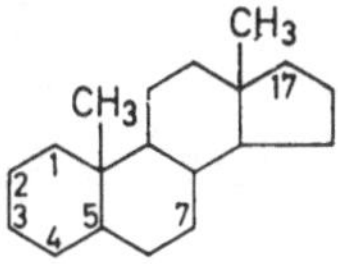

Bezeichnung (+WHO)	Zusätzliche Substituenten an den C-Atomen 1	2	3	4	5	7	17
Androstanolon+			=O		---H		–OH
4-Chlor-1-dehydro-methyltestosteron	Δ		=O	Δ –Cl			–OH ---CH_3
4-Chlor-testosteron			=O	Δ –Cl			–OH
Drostanolon+		---CH_3	=O		---H		–OH
Mestanolon+			=O		---H		–OH ---CH_3
Methandienon+	Δ		=O	Δ			–OH ---CH_3
Methandriol+			–OH	Δ			–OH ---CH_3
Methenolon+	–CH_3 Δ		=O		---H		–OH
Oxymesteron+			=O	Δ –OH			–OH ---CH_3
Oxymetholon+		=CHOH	=O		---H		–OH ---CH_3
Quinbolon	Δ		=O	Δ			–O–CO– 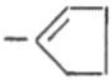
Thiomesteron+	---$SCOCH_3$		=O	Δ		---$SCOCH_3$	–OH ---CH_3

Tabelle 27: *Anabolika II*

Grundgerüst

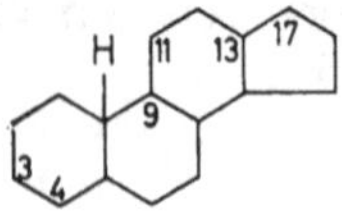

Bezeichnung (+WHO)	Zusätzliche Substituenten an den C-Atomen 3	4	9	11	13	17
19-nor-Testosteron+	=O	Δ			$-CH_3$	$-OH$
Äthylöstrenol+		Δ			$-CH_3$	$-OH$ $---C_2H_5$
Methyltrienolon	=O	Δ	Δ	Δ	$-CH_3$	$-OH$ $---CH_3$
Noräthandrolon+	=O	Δ			$-CH_3$	$-OH$ $---C_2H_5$
Norboläthon+ (Razemat)	=O	Δ			$-C_2H_5$	$-OH$ $---C_2H_5$

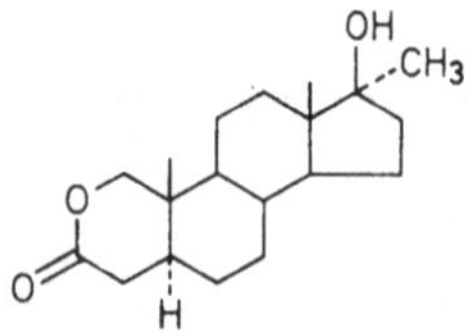

Oxandrolon+

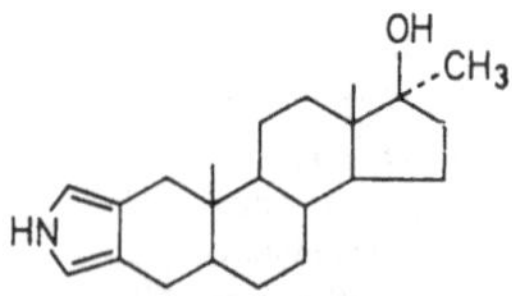

Androstanazol+

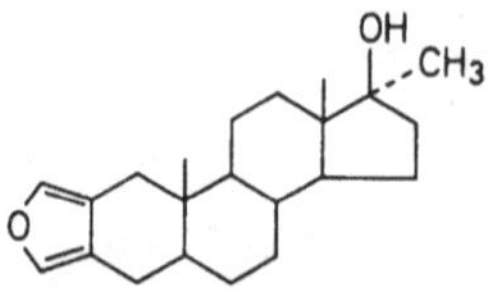

Androisoxazol

Abb. 63: Spezielle Strukturen von Anabolika

5.2. Anwendung in der Veterinär-Medizin

Neben dem vielseitigen therapeutischen Einsatz von Steroidwirkstoffen in der Human-Medizin beginnt sich ein weites Feld von Anwendungsmöglichkeiten auf dem Sektor der Veterinär-Medizin, insbesondere bei der tierischen Reproduktion abzuzeichnen [29].

Die Methoden, die mit einer gezielten Hormonanwendung die Fortpflanzung der Haustiere steuern, bedienen sich in erster Linie der Progestagene und Östrogene. Die Brunstinduktion und die Zyklussynchronisation bei Rindern, Schafen und Schweinen, der Frühträchtigkeitsnachweis bei Schweinen sowie Möglichkeiten, die Sexualfunktion des Ebers zu steuern, werden in Zukunft die industrielle Produktion der Landwirtschaft maßgebend beeinflussen.

In der Anwendung von Sexualwirkstoffen bei Haustieren ist die Ausnutzung des sog. Reboundeffektes von ausschlaggebender Bedeutung. Bei Schafen führte eine zwei- bis dreiwöchige Gestagenfütterung nach der Laktation oder während der paarungsfreien Zeit zur Brunstauslösung. Dadurch können unter günstigen Umständen zwei Ablammungen pro Jahr bzw. drei Ablammungen in zwei Jahren erzielt werden.

Unter Zyklussynchronisation versteht man einen Vorgang, bei dem bei mehreren Tieren zum gleichen Zeitpunkt Brunst ausgelöst werden kann. Dies erreicht man durch Verfütterung kleiner Dosen von Progestagenen (z. B. Chlormadinonazetat) über mehrere Tage. Nach Absetzen der Medikation kommt es bei den behandelten Tieren gleichzeitig zum Wiedereinsetzen des Zyklus. Diese Methode ist für die industriell betriebene Landwirtschaft sehr bedeutungsvoll. Der Tierhalter kann zu einem ihm genehmen festgelegten Zeitpunkt die Tiere belegen lassen. Die Geburten fallen in einen begrenzten vorausbestimmten Zeitraum, und die Masttiere können zum günstigsten Zeitpunkt auf den Markt gebracht werden.

In der Landwirtschaft werden Sexualhormone erst seit kurzer Zeit angewandt. Weitere Ausführungen würden den Rahmen dieser Broschüre sprengen. Die wenigen Erläuterungen genügen jedoch, um die sich anbahnende große Bedeutung der Sexualwirkstoffe für die Industrialisierung der tierischen Reproduktion aufzuzeigen.

6. Literatur

[1] L. F. und M. FIESER, „*Steroide*“, Verlag Chemie, Weinheim/Bergstr., 1961

[2] W. KLYNE, „*The Chemistry of the Steroids*“, Methuen & Co., London, 1957

[3] C. W. SHOPPEE, „*Steroids, Perspectives in Organic Chemistry*“, Intersciene Publishers, London, 1956

[4] H. LETTRÉ, H. H. INHOFFEN, R. TSCHESCHE, „*Über Sterine, Gallensäuren und verwandte Naturstoffe*“, Bd. 1, Ferdinand Enke Verlag, Stuttgart, 1954

[5] L. F. FIESER und M. FIESER, „*Natural Products related to Phenanthrene*“, New York, 1949

[6] C. DJERASSI, „*Steroid Reactions*“, Holden-Day, Inc., San Francisco, 1963

[7] „*Definitive Rules for the Nomenclature of Amino Acids, Steroids, Vitamins, and Carotenoids*“, J. Amer. Chem. Soc. **82** (1960), 5575

[8] N. APPLEZWEIG, „*Steroid Drugs*“, Mc Graw-Hill Book Company, Inc., New York, Toronto, London, 1962/1964

[9] K. SCHUBERT, G. ROSE, R. TÜMMLER, N. IKEKAWA: Hoppe-Seyler's Z. physiol. Chem. **339** (1964), 293

[10] R. P. COOK, „*Cholesterol*“, Academic Press, New York, 1958

[11] L. GATTERMANN, „*Die Praxis des Organischen Chemikers*“, Walter de Gruyter & Co., 1959, 39. Auflage, S. 360

[12] R. J. GRITTER u. T. J. WALLACE: J. Org. Chemistry **24** (1959), 1051

[13] A. J. BIRCH und Mitarb.: J. chem. Soc. (London) (1944), 430; (1945), 809; (1946), 593

[14] A. L. WILDS, N. A. NELSON: J. Amer. chem. Soc. **75** (1953), 5360

[15] IUPAC, Steroids **13** (1969), 277

[16] A. A. ACHREM u. JU. A. TITOV, „*Die mikrobielle Umwandlung der Steroide*“ (russ.). Verlag „Wissenschaft“, Moskau, 1965

[17] L. Velluz, G. Nominé, J. Mathieu: Angew. Chem. **72** (1960), 725
[18] L. Velluz, J. Valls, G. Nominé: Angew. Chem. **77** (1965), 185
[19] I. V. Torgov: Pure appl. Chem. **6** (1963), 525
[20] A. A. Achrem, Ju. A. Titov, „*Totalsynthese von Steroiden*" (russ.), Verlag „Wissenschaft", Moskau, 1967
[21] H. Kaiser, „*Cortisonderivate in Klinik und Praxis*", Georg Thieme Verlag, Stuttgart, 1965
[22] G. Fiegel, H. W. Kelling, „*Die Anwendung von Kortikoiden und anabolen Substanzen*": Ferdinand Enke Verlag, Stuttgart, 1962
[23] A. Beickert, „*Die Glukokortikoid-Therapie innerer Erkrankungen einschließlich ihrer Grundlagen und Nebenwirkungen*", VEB Gustav Fischer Verlag, Jena, 1968
[24] K. Winkler, „*Hormonbehandlung in der Dermatologie*", Walter de Gruyter & Co., Berlin, 1962
[25] J. Haller, „*Ovulationshemmung durch Hormone*", 2. Auflage, Georg Thieme Verlag, Stuttgart, 1968
[26] R. Kaiser, „*Die hormonale Behandlung von Zyklusstörungen*", Georg Thieme Verlag, Stuttgart, 1962
[27] J. Ufer, „*Hormontherapie in der Frauenheilkunde, Grundlagen und Praxis*", 3. Auflage, Walter de Gruyter & Co., Berlin, 1966
[28] H.-L. Krüskemper, „*Anabole Steroide*", Georg Thieme Verlag, Stuttgart, 1963
[29] Fortpflanzung, Besamung und Aufzucht der Haustiere, Bd. 5, Heft 5/6 (1969), VEB Gustav Fischer Verlag, Jena

7. Namenregister

8. Stichwortverzeichnis

Der Verfasser

- **vermittelt eine Übersicht der Vorkommen von Steroiden**
- **bringt methodische Hinweise für spezielle Steroidsynthesen**
- **gibt eine Beschreibung der technisch wichtigsten Partial- und Totalsynthesen**
- **erläutert in einem Überblick die therapeutische Anwendung von Steroidverbindungen**

WISSENSCHAFTLICHE TASCHENBÜCHER

MIX
Papier | Fördert gute Waldnutzung
FSC® C083411

Zeitfracht Medien GmbH
Ferdinand-Jühlke-Straße 7
99095 Erfurt, Deutschland
produktsicherheit@kolibri360.de